"十二五"国家重点图书出版规划项目
青少年太空探索科普丛书

国家出版基金项目
NATIONAL PUBLICATION FOUNDATION

空间天气与人类社会

焦维新◎著

U0248041

什么是空间天气?

太阳风暴、大耀斑、太阳黑子、极光……

这些都是它的"拿手好戏"。

俗话说"太阳一发烧,地球就感冒",

本书就要为"感冒"的地球把脉,

看地球上空神奇的天气是怎样影响人类生活的。

知识产权出版社
全国百佳图书出版单位

图书在版编目（CIP）数据

空间天气与人类社会 / 焦维新著 . –– 北京：知识产权出版社，2017.8（重印）

（青少年太空探索科普丛书）

ISBN 978-7-5130-3639-9

Ⅰ.①空… Ⅱ.①焦… Ⅲ.①航天学 – 气象学 – 青少年读物 Ⅳ.① V419–49

中国版本图书馆 CIP 数据核字（2015）第 156501 号

内容简介

　　什么是空间天气？太阳风暴、大耀斑、太阳黑子、极光，都是它的"拿手好戏"。位于地球平流层以上广泛空间中的空间天气现象，直接来源于太阳活动，它们"呼风唤雨"，气象万千，对人类社会产生重要的影响。俗话说"太阳一发烧，地球就感冒"，本书就要为"感冒"的地球把脉，带领大家走进"空间天气"这一全新领域。

责任编辑：陆彩云　徐家春　　　　　**责任出版：**刘译文

青少年太空探索科普丛书

空间天气与人类社会　KONGJIAN TIANQI YU RENLEI SHEHUI

焦维新　著

出版发行：知识产权出版社有限责任公司		**网　址：**http://www.ipph.cn		
电　话：010-82004826		http://www.laichushu.com		
社　址：北京市海淀区气象路 50 号院		**邮　编：**100081		
责编电话：010-82000860 转 8110/8573		**责编邮箱：**xujiachun625@163.com		
发行电话：010-82000860 转 8101/8029		**发行传真：**010-82000893/82003279		
印　刷：北京建宏印刷有限公司		**经　销：**各大网上书店、新华书店		
开　本：720mm × 1000mm　1/16		**印　张：**9.5		
版　次：2015 年 11 月第 1 版		**印　次：**2017 年 8 月第 2 次印刷		
字　数：145 千字		**定　价：**38.00 元		

ISBN 978-7-5130-3639-9

自序

在北京大学讲授"太空探索"课程已近二十年，学生选课的热情和对太空的关注度，给我留下了深刻的印象。这门课程是面向文理科学生的通选课，每次上课限定二百人，但选课的人数有时多达五六百人。近年来，我加入了"中国科学院老科学家科普演讲团"，每年在大、中、小学及公务员中作近百场科普讲座。广大青少年在讲座会场所洋溢出的热情令我感动。学生听课时的全神贯注、提问时的踊跃，特别是讲座结束后众多学生围着我要求签名的场面，使我感触颇深，学生对于向他们传授知识的人是多么敬重啊！

上述情况说明，广大中小学生和民众非常关注太空活动，渴望了解太空知识。正是基于这样的认识，我下决心"开设"一门中学生版的"太空探索"课程。除了继续进行科普宣传外，我还要写一套适合于中小学生的太空探索科普丛书，将课堂扩大到社会，使读者对广袤无垠的太空有系统的了解和全面的认识，对空间技术的魅力有深刻的体会，从根本上激励青少年热爱科学、刻苦学习、奋发向上，树立为祖国的科技腾飞贡献力量的理想。

我在着手写这套科普丛书之前，已经出版了四部关于空间科学与技术方面的大学本科教材，包括专为太空探索课程编著的教材《太空探索》，但写作科普书还是第一次。提起科普书，人们常用"知识性、趣味性、可读性"来要求，但满足这几点要求实在太不容易了。究竟选择哪些内容？怎样使读者对太空探索活动和太空科学知识产生兴趣？怎样的深度才能适合更多的人阅读？这些都是需要逐步摸索的。

为了跳出写教材的思路，满足知识性、趣味性和可读性的要求，本套丛书写作伊始，我就请夫人刘月兰做第一个读者，每写完两三章，就让她阅读，并分为三种情况。第一种情况，内容适合中学生，写得也较通俗易懂，这部分就通过了；第二种情况，内容还比较合适，但写得不够通俗，用词太专业，对于这部分内容，我进一步在语言上下功夫；第三种情况，内容太深，不适于中学生阅读，这部分就删掉了。儿子焦长锐和儿媳周媛都是从事社会科学的，我也让他们阅读并提出修改意见。

科普书与教材的写作目的和要求大不一样。教材不管写得怎样，学生都要看下去，因为有考试的要求；而对于科普书来说，阅读科普书是读者自我教育的过程，如果没有兴趣，看不下去，知识性再强，也达不到传递知识的目的。因此，对科普书的最基本要求是趣味性和可读性。

自加入中国科学院老科学家科普演讲团后，每年给大、中、小学生作科普讲座的次数明显增多。这种经历使我对不同文化水平人群的兴趣点、接受知识的能力等有了直接的感受，因此，写作思路也发生了变化。以前总是首先考虑知识的系统性、完整性和逻辑性，现在我首先考虑从哪儿入手能引起读者的兴趣，然后逐渐展开。科普书不可能有小说或传记文学那样动人的情节，但科学上的新发现、科技在推动人类进步方面的巨大作用、优秀科学家的人格魅力，这些材料如果组织得好，也是可以引人入胜的。

内容是图书的灵魂，相同的题材，可以有不同的内容。在内容的选择上，我觉得科普书应该给读者最新的、最前沿的知识。例如，《太空资源》一书中，我将哈勃空间望远镜和斯皮策空间望远镜拍摄到的具有代表性的图片展示给读者，这些图片都有很高的清晰度，充满梦幻色彩，非常漂亮，让读者直观地看到宇宙深处的奇观。读者在惊叹之余，更能领略到人类科技的魅力。

在创作本套丛书时，我尽力在有关的章节中体现这样的思想：科普图书不光是普及科学知识，更重要的是要弘扬科学精神、提高科学素养。太空探索之路是不平坦的，充满了挑战，航天员甚至要面对生命危险。科学家们享受过成功的喜悦，也承受了一次次失败的打击。没有强烈的探索精神，没有坚强的战斗意志，人类不可能在太空探索方面取得如此辉煌的成就。

现在呈现给大家的《青少年太空探索科普丛书》，系统地介绍了太阳系天体、空间环境、太空技术应用等方面的知识，每册一个专题，具有相对独立性，整套则使读者对当今重要的太空问题有系统的了解。各分册分别是《月球文化与月球探测》《遨游太阳系》《地外生命的365个问题》《间谍卫星大揭秘》《人类为什么要建空间站》《空间天气与人类社会》《揭开金星神秘的面纱》《北斗卫星导航系统》《太空资源》《巨行星探秘》。经过知识产权出版社领导和编辑的努力，这套丛书已经入选国家新闻出版广电总局"十二五"国家重点图书出版规划项目，其中《月球文化与月球探测》已于2013年11月出版，并获得科技部评选的2014年"全国优秀科普作品"，其他九个分册获得2015年度国家出版基金的资助。

为了更加直观地介绍太空知识，本丛书含有大量彩色图片，书中部分图片已标明图片来源，其他未标注图片来源的主要取自美国国家航空航天局（NASA）、太空网（www.space.com）、喷气推进实验室（JPL）和欧洲空间局（ESA）的网站，也有少量图片取自英文维基百科全书等网站。在此对这些网站表示衷心的感谢。

鉴于个人水平有限，书中不免有疏漏不妥之处，望读者在阅读时不吝赐教，以便我们再版时做出修正。

目录
CONTENTS

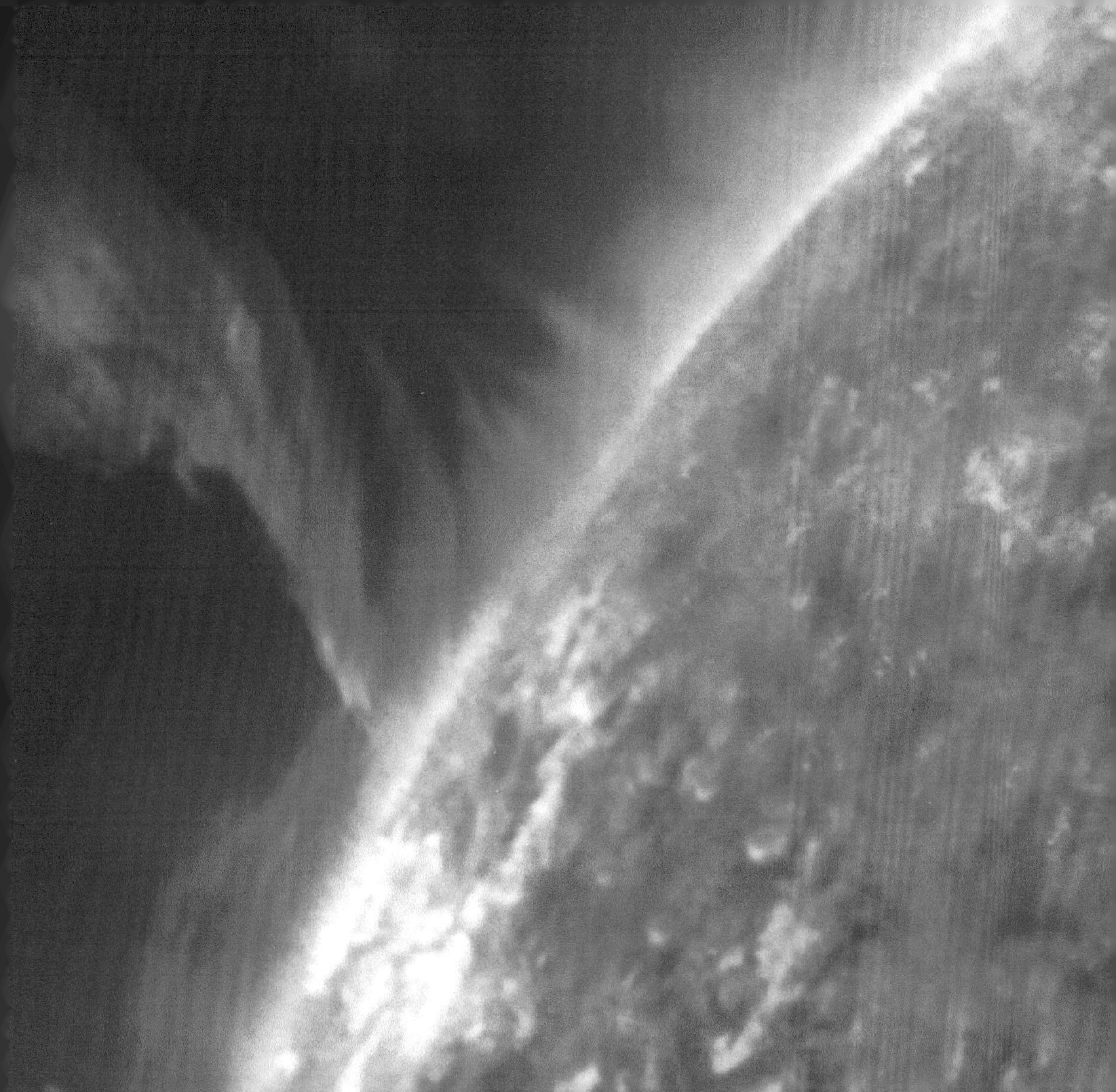

第 1 章

空间天气是什么?

我们对日常生活中的天气非常熟悉,可是大家知道吗,在地球平流层以上更广泛的空间中同样上演着变幻莫测的"天气现象",它们或呼风唤雨、腾云驾雾,或朝晖夕阴、气象万千。这些神奇的空间天气是如何产生的?我们将在本章中一探究竟。

日常生活中关注的天气

大家对日常生活中的天气现象是熟悉的，所以我们在讨论空间天气之前，先看看这些天气现象有什么特征，以便将传统的天气与空间天气作对比。

我们平时所说的阴、晴、雨、雪、冷、暖、干、湿等都可以称为天气，它们是发生在靠近地面的平流层内的短时间的物理现象，有些天气现象给人类的生产和生活造成了巨大的损失，我们重点关注这些灾害性天气现象。

飓风与龙卷风

风是空气相对于地面的运动，气象上常指空气的水平运动。

习惯上将发生在大西洋和北太平洋东部的热带气旋称为飓风。飓风通常发生在夏季和早秋，它来临时常常电闪雷鸣。飓风在一天内释放的能量就相当于整个美国数月的用电量。

在多数风暴结构中，在飓风眼（即飓风中心）中天空相对比较平静。最猛烈的天气现象发生在靠近飓风眼的周围大气中，称为（飓风）眼墙。在眼墙的高层，大多数空气向外流出，从而加剧大气的上升运动。

▲ 2013 年飓风"海燕"过后的菲律宾

龙卷风是一种相当猛烈的天气现象，由快速旋转并造成直立中空管状的气流形成，持续的时间很短，最长也不超过几个小时。龙卷风大小不一，但形状一般都呈上大下小的漏斗状，"漏斗"上接积雨云（极少数情况下为积云），下部一般与地面接触并且经常卷起大量尘土或碎片残骸。

　　多数龙卷风直径在 70 米左右，风速为 60 ～ 180 千米 / 小时，可横扫数千米。还有一些龙卷风风速可超过每小时 480 千米，直径达 1.6 千米，移动路径超过 100 千米。虽然除南极洲外的每块大陆都有龙卷风，但美国遭受的龙卷风比其他任何国家和地区都多。除此之外，龙卷风在加拿大南部、亚洲中南部和东部、南美洲中东部、非洲南部、欧洲西北部和东南部、澳大利亚西部和东南部以及新西兰等皆常出现。

▲ 龙卷风过后

　　龙卷风的最大特征在于，它出现时往往有一个或数个如同大象鼻子样的漏斗状云柱，同时伴随狂风暴雨、雷电或冰雹。龙卷风经过水面时，能吸水上升形成水柱，然后同云相接，俗称"龙取水"；经过陆地时，常会卷倒房屋，甚至把人吸卷到空中。

暴雨与暴风雪

暴雨是降水强度很大的雨。我国气象部门规定，24 小时降水量为 50 毫米或以上的雨称为"暴雨"。按其降水强度大小又分为三个等级，即 24 小时降水量为 50 ～ 99.9 毫米为"暴雨"；100 ～ 250 毫米为"大暴雨"；250 毫米以上为"特大暴雨"。

特大暴雨是一种灾害性天气，往往造成洪涝灾害和严重的水土流失，导致工程失事、堤防溃决和农作物被淹等重大经济损失。特别是对于一些地势低洼、地形闭塞的地区，雨水不能迅速宣泄造成农田积水和土壤水分过度饱和，会造成更多的灾害。

暴雨常常是从积雨云中落下的。形成积雨云的条件是大气中要含有充足的水汽，并有强烈的上升运动，把水汽迅速向上输送，云内的水滴受上升运动的影响不断增大，直到上升气流托不住时，就急剧地降落到地面。

雪灾是因长时间大量降雪造成大范围积雪成灾的自然现象，是我国牧区常发生的一种畜牧气象灾害。

　　决定雪灾形成的因素包括降雪厚度、下雪季节、雪后天气变化和积雪的时间。对于 30 厘米厚度的雪，在条件差的牧区，雪灾就不可避免；下完雪后，剧烈降温，往往会形成暴风雪，雪灾会更严重。

雷 暴

雷暴是由发展旺盛的积雨云引起闪电、雷鸣现象的局地风暴。在水蒸气激烈上升形成的积雨云中，凝结有巨大数量的小水滴和冰晶，它们之间的高速碰撞使云体带上电荷。

雷暴的能量很大，千分之几到十分之几秒的雷电放出的电能，可达到数十亿到上千亿瓦特，温度为10000～20000℃。

雷暴是一种严重的灾害性天气，具有极强的破坏性和杀伤力，直接威胁着人们的生命和财产的安全。

雷暴可以在世界任何地方发生，甚至发生在两极和沙漠地带，但通常在低纬度的地方（特别是热带雨林地区）会较频繁地发生，甚至会每天都发生。

在亚热带和温带等中纬度地区，雷暴通常在夏季发生，有时在冬季也会受冷锋影响而有短时性雷暴。乌干达及印尼是全世界雷暴发生最频繁的地方，美国中西部及南部州也常发生威力强烈的雷暴，这些雷暴还会与冰雹或龙卷风一起发生。迄今为止，全世界从未发生过雷暴的地区只有南美洲智利北部的阿他加马沙漠，该地区因气候过于干燥而难以形成雨云。

在古文明里，雷暴有着极大的影响力。不论是中国古代、古罗马或美洲古文明都有与雷暴相关的神话。

高温热浪与寒潮

高温热浪主要是由于大气温度高，并且持续时间较长，使人、动物以及植物不能适应环境的一种天气过程。

高温热浪超过人体的耐受极限，从而导致疾病的发生或加重，甚至死亡，动物也是一样；高温热浪还可以影响植物生长发育，使农作物减产，加剧干旱地区旱情的发展；高温使用水用电量急剧上升，给人们生活、生产带来巨大影响。另外，高温热浪会导致人们心情烦躁，甚至会出现神志错乱的现象，这就容易造成公共秩序混乱、伤亡事故以及中毒、火灾等事件增加，这是高温热浪的间接影响。

寒潮通常指寒冷空气入侵，给沿途地区带来强烈降温和大风雪等剧烈天气变化的灾害性天气。

寒潮冷空气可以造成大范围剧烈降温，造成人、畜及农作物冻害；冷空气所经之处，常常伴有大风和暴雪等灾害。寒潮天气对农业的影响最为显著，经常导致霜冻和冻害的发生。

雾 霾

雾霾是雾和霾的混合物，早晚湿度大时，雾的成分多；白天湿度低时，霾占据主力。雾是自然天气现象，总体无毒无害；霾的核心物质是悬浮在空气中的烟、灰尘等物质。霾形成的主要原因是人为的环境污染，再加上气温低、风小等自然条件导致污染物不易扩散。

雾是由大量悬浮在近地面空气中的微小水滴或冰晶组成的气溶胶系统，是近地面层空气中水汽凝结（或凝华）的产物。就其物理本质而言，雾与云都是空气中水汽凝结（或凝华）的产物，所以雾升高离开地面就成为云，而云降低到地面或云移动到高山时就被称为雾。一般雾的厚度比较小，常见雾的厚度从几十米到一两百米。雾和云一样，与晴空区之间有明显的边界，雾滴浓度分布不均匀，而且雾滴的尺度比较大，从几微米到 100 微米，平均直径约 10～20 微米。由于液态水或冰晶组成的雾散射的光与波长关系不大，因而雾看起来呈乳白色或青白色。

霾能直接进入并黏附在人体呼吸道和肺泡中，尤其是亚微米粒子会分别沉积于上、下呼吸道和肺泡中，引起急性鼻炎和急性支气管炎等病症。对于支气管哮喘、慢性支气管炎、阻塞性肺气肿和慢性阻塞性肺疾病等慢性呼吸系统疾病患者来说，雾霾天气可使病情急性发作或急性加重。长期处于雾霾环境还会诱发肺癌。

太空不是空的

等离子体世界

前文我们介绍的天气现象都是发生在紧挨地球表面的中性大气内。那么，在中性大气层以上是什么物质呢？这些物质的变化会不会影响人类的社会生活呢？

首先我们从大气层分层谈起。

地球被大气层包围着，大气层可分为对流层、平流层、中层，再往上称为热层。对流层与平流层基本都是中性气体，也就是说，这部分大气是不带电的。

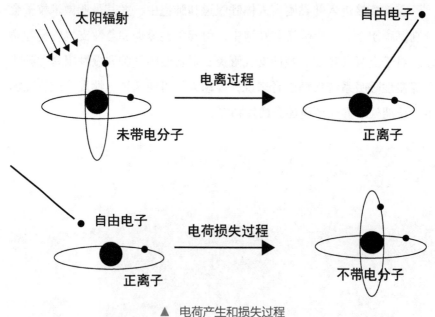

▲ 电荷产生和损失过程

但是，在距离地球表面 60 千米左右，大气层开始带电。

太阳光里含有可见光、红外线、紫外线和 X 射线，紫外线和 X 射线属于阳光中的短波部分，这些光线的能量很高，当它们照射到大气层时会发生光电效应，即中性原子失去外层电子，形成自由电子和离子。另外，对于极区和高纬地区，还存在由带电粒子产生的电离作用。大气虽然被部分电离，但由于大气中正、负电荷数大体相等，从宏观上呈现中性，因此称为等离子体（plasma）。

等离子体是一种自由电子和带电离子为主要成分的物质形态，广泛存在于宇宙中，常被视为物质的第四态，称为等离子态。宇宙中 99% 的物质是等离子体。描述等离子体特征的最主要参数是电子密度，即单位体积内含有的自由电子数目。另一个参数是电子温度，实际上是表示电子能量大小的一个物理量，在分析航天器表面充电时要用到这个量。

大气层中除了存在电离过程外，还存在电荷损失过程，如自由电子与正离子相碰，使得正负电荷中和，正离子变成了中性成分，这个过程一般称为复合过程。复合过程的物理原因是很复杂的，与大气层中的许多因素有关，如中性大气密度、电子与离子之间的碰撞和风速等。因此，电离层的状态取决于电离过程与复合过程的平衡。一般用电子密度这个概念描述大气的电离状态。电子密度越大，说明大气中被电离的部分越多。

原子的世界

原子是元素能保持其化学性质的最小单位。原子由原子核和核外电子组成，原子核带正电，电子带负电。原子核由质子和中子组成，中子不带电，原子核所有的正电荷均在质子当中。

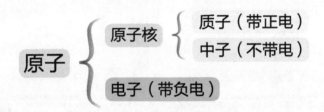

▲ 原子的结构

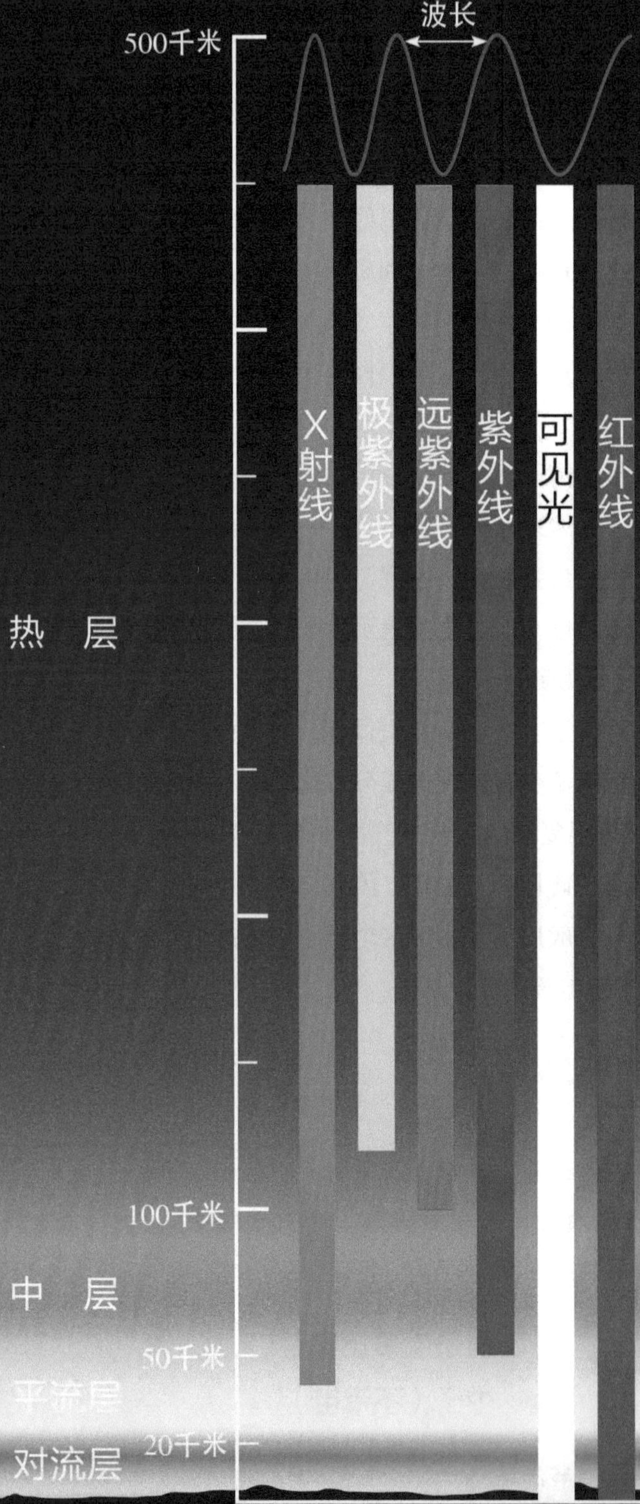

波长

500千米

X射线
极紫外线
远紫外线
紫外线
可见光
红外线

热层

100千米

中层

50千米

平流层

对流层 20千米

● 太阳光谱

太阳光在棱镜片的作用下，呈现出七种颜色，我们称为"可见光"，其实这只是太阳辐射中的一部分。太阳辐射经色散分光后可以形成一个完整排列的光谱，按波长从大到小的顺序排列，太阳光谱可以分为无线电波、红外线、可见光、紫外线、X射线等几个波谱范围。

左侧的彩色图标表示了各种辐射能穿透大气层的能力。对人类有利的可见光和红外线都可以穿透大气层，到达地面；而对人类和其他生命系统不利的短波辐射，都不能完全到达地球表面。

紫外线和X射线属于短波，这些光线的能量很高，当它们照射到大气层时会发生光电效应，从而产生等离子体。

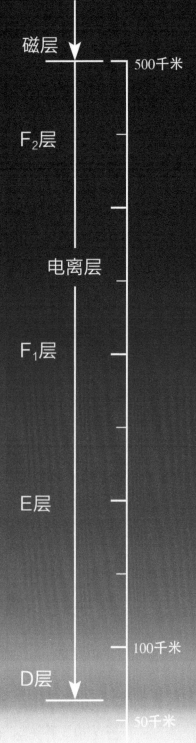

● 磁层

　　为了研究问题方便，通常将 500 千米以上的大气层称为磁层。磁层是完全电离的，电子和离子的运动主要由磁场控制，因此把这个区域称为磁层。磁层更稀薄，电子密度非常低。

● 电离层

　　通常将 500 千米以下（60千米以上）的大气层称为电离层，电离层中仍然还有相当多的大气分子和原子未被电离，特别是在200 千米以下。

　　对于电离层，根据电子密度分布的特征，还可以具体分为 D 层、E 层、F_1 层、F_2 层，其中 D 层在最底部。

虽然现代磁层的概念在 1959 年才正式提出，但是人类探索磁层的历史可以追溯到几千年前。人们从两个方面了解地球上空的变化，起初是地磁场，后来是太阳风。

我国古代的四大发明之一——指南针，不仅证实了地磁场的存在，而且还用于指示方向。

1600 年，英国皇家科学院物理学家威廉·吉尔伯特（William Gilbert，1540—1603 年）出版了《磁石论》，这是物理学史上第一部系统阐述磁学的科学专著。在这部著作中，吉尔伯特解释了指南针的作用原理，认为地球就是一个巨大的磁铁。

1958 年，美国天体物理学家尤金·帕克（Eugene Parker）提出太阳风的理论。

1959 年，奥地利天体物理学家托马斯·戈尔德（Thomas Gold）在美国《地球物理学》杂志发表的论文《地球磁层中的运动》中写道："在电离层以上的区域，地球磁场对

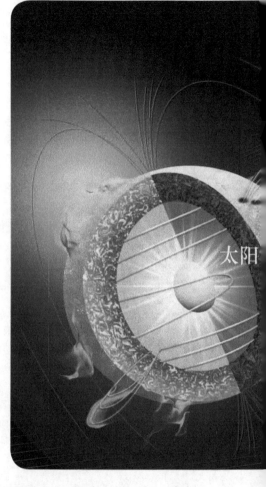

太阳

气体的运动起主导控制作用，快速带电粒子扩展到 10 个地球半径以外，建议将地磁场占主导地位的区域叫作磁层。"这是第一次明确提出"磁层"的概念。

1962 年，美国的探险者 12 号卫星观测到磁层顶，即磁层与太阳风之间的边界。

1964 年，行星际探测平台 1（IMP-1）卫星报告在磁层前的太阳风中有一个大的弓形激波，在地球夜侧观测到地磁场的尾。至此，磁层在观测上得到全面证实。

右上图蓝色部分是地球空间的基本轮廓。在太阳风的作用下，地球的磁场严重变形。在向阳面，地磁场被压缩，磁层顶通常位于距地球中心六七倍

▼ 地球空间的基本形状

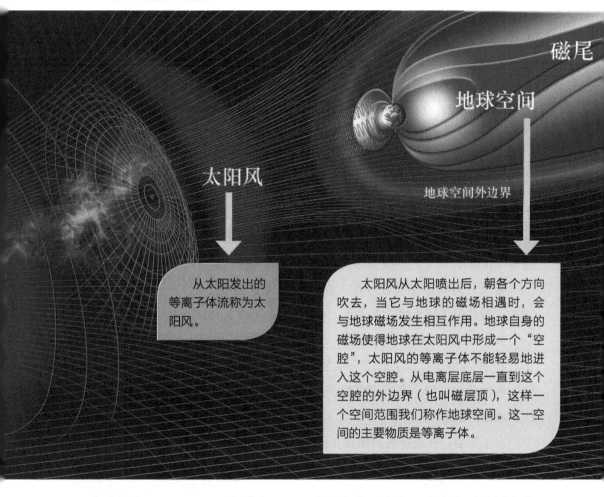

磁尾

地球空间

太阳风

地球空间外边界

从太阳发出的等离子体流称为太阳风。

太阳风从太阳喷出后,朝各个方向吹去,当它与地球的磁场相遇时,会与地球磁场发生相互作用。地球自身的磁场使得地球在太阳风中形成一个"空腔",太阳风的等离子体不能轻易地进入这个空腔。从电离层底层一直到这个空腔的外边界(也叫磁层顶),这样一个空间范围我们称作地球空间。这一空间的主要物质是等离子体。

地球半径处。不过这一距离随太阳风压力的变化而变化。当太阳风的压力增大时,白昼一侧的磁层顶被太阳风压缩到离地球较近的地方。在地球的夜晚一侧,太阳风拉伸地球的磁场,使其形成一条长的尾巴,像彗星的尾巴一样拖在地球的后面,称为磁尾。磁尾在地球后面绵延百万千米以上,远远越出了月球的轨道。

我们所关注的空间天气现象,主要发生在地球空间。地球空间主要的物质是等离子体,而等离子体的状态直接受太阳辐射的影响,所以空间天气的状态与太阳的变化是密切相关的。在本书中,我们将太阳的变化作为空间天气变化的源。

高能带电粒子

电子和离子都属于带电粒子。但在上述等离子体中，电子和离子的能量都比较低，运动方向是随机的，因此一般称为低能带电粒子。

在太空中，有许多带电粒子的能量比较高，具有确定的运动方向，习惯上将这些粒子称为高能带电粒子。

在区分高能与低能带电粒子之前，首先介绍粒子能量的单位。我们用电子伏（eV）来作为能量单位。其意义是一个电子（所带电量为 -1.6×10^{-19} 库仑）在通过 1 伏特电位差的电场空间时所获得的能量。电子伏与另一个常用能量单位焦耳（J）的换算关系是：$1eV = 1.602 \times 10^{-19}J$。

电子伏的单位是比较小的，在描述高能带电粒子时，一般用千电子伏（keV）或兆电子伏（MeV）表示，$1keV = 1 \times 10^{3}eV$，$1MeV = 1 \times 10^{6}eV$。

从空间天气学研究的角度看，一般将 20 万电子伏以上的电子称为高能电子；将 10 兆电子伏以上的质子称为高能质子。

在地球的周围，高能带电粒子的源有 3 个，分别是太阳爆发、银河宇宙线和地球的辐射带。

大家知道，在地球的周围存在磁场。当各种高能带电粒子进入地磁场后，

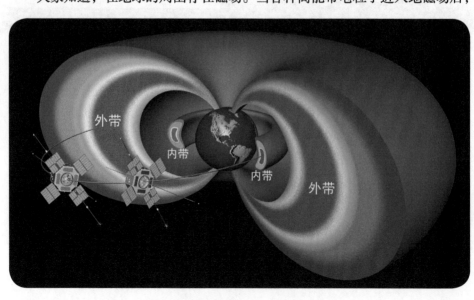

地球辐射带示意图

它们运动的状态,包括运动方向会发生很大的变化,而且有相当多的带电粒子被地磁场约束在地球周围一定的空间区域,形成高能带电粒子比较集中的地区,称为辐射带。根据多颗卫星的探测结果,发现高能带电粒子集中在两个区域,分别称为内辐射带和外辐射带。内辐射带距离地球表面 $200\sim12000$ 千米,范围限于磁纬度 $\pm40°$ 之间,带内含有能量超过 100 兆电子伏的质子和能量为几十万电子伏的电子。内辐射带相对稳定,但也随着太阳活动有 11 年周期的变化。内辐射带质子主要来源于高能宇宙线的作用。外辐射带的高度在距离地球表面 $3\sim4$ 倍地球半径之间,范围可延伸到磁纬度 $50°\sim60°$。外辐射带主要含有能量为 $0.1\sim10$ 兆电子伏的电子。外辐射带的粒子被认为是来源于地球磁层内部的活动过程,如磁暴和亚暴(见本书第 2 章第 38 页、第 39 页)的粒子注入。但其加速增能的机制目前还不完全清楚。由于受太阳活动和地磁活动的影响,外辐射带比内辐射带更不稳定,更容易变化,差别可达 100 倍。

被俘获的带电粒子实际上分布于整个地磁场,所以辐射带的界限并不分明。实际上,内外辐射带有所重叠,但两者交界处高能粒子含量比较低,称为辐射带"槽区"。

空间电流体系

所谓电流,就是带电粒子的流动。在空间等离子体中,充满了各种带电粒子,它们在空间电场的驱动下会产生定向运动,因此产生了各种空间电流,统称为空间电流系。一般比较受关注的是电离层电流系和磁层电流系。

电离层电流的形成有两个必要条件:导电介质和电流驱动源。电离层大气处于部分电离状态,是良好的导电介质;而电离层中的风和磁层中的对流,则提供了电流驱动源,于是产生了各种各样的电离层电流系。

磁层电流系主要包括磁层顶电流、磁尾电流及场向电流,它们是互相联系和交叉的电流系统。

从物理本质上来看,任何磁场都是由电流产生的,凡是磁场发生突变的地方,一定有电流存在。磁层中的大多数磁场也是由电流产生的,这些电流实际上将地球本来的磁场扩展了许多,而且也决定着远离地球之处的磁场结构。

变化的电磁场

太空存在磁场和电场。磁场的主要成分是地磁场，还有在前文介绍的空间电流系产生的磁场。有电荷积累的地方就会有电场，变化的磁场也会产生电场。地磁场是与空间天气关系最密切的因素，所以我们重点介绍地磁场。

地磁场是自然界中广泛存在的一种磁场。地磁场的主要部分源于地球内部，它穿过3000多千米厚的固体地球到达地表，并远远地扩展到太空。那就是说，我们不仅在地球内部、地球表面能探测到地磁场，在距离地球几万千米远的太空，也可以探测到地磁场。

在地球表面测量到的磁场一般是由几个不同来源所产生的磁场的组合，例如有地球矿物产生的，还有存在于空间的各种电流产生的。但所测量到的磁场的95%以上是地球内核产生的，称为主磁场。主磁场可以想象为在地心处放一块条形大磁铁，从这个超大磁铁的北极发出磁力线，向空中延伸，然后又回到磁铁的南极。其他源包括地壳内磁性岩石、固体地球外面各种电流产生的磁场。

地理南北极与地磁南北极是不重合的。地理南北极是指地球自转轴与地球表面的两个交点；而地磁南北极通常指偶极子轴与地球表面的两个交点。这两条轴线成大约11°的角。

观测表明，地球磁极的位置是变化的，1550—1980年这430年期间，地磁北极向南移动了8°，向西移动了50°。

磁场的单位是特斯拉（特，T）。由于地球是弱磁场，用这个单位表示地磁场有时不太方便，常用纳特（nT）表示，$1nT=10^{-9}T$。地球表面最大磁场为68000纳特，表面最小磁场为24000纳特。

地磁场不仅有大小，还有方向。对于磁场的产生，已经提出了许多物理机制，但目前普遍认为发电机理论是最为合理的。

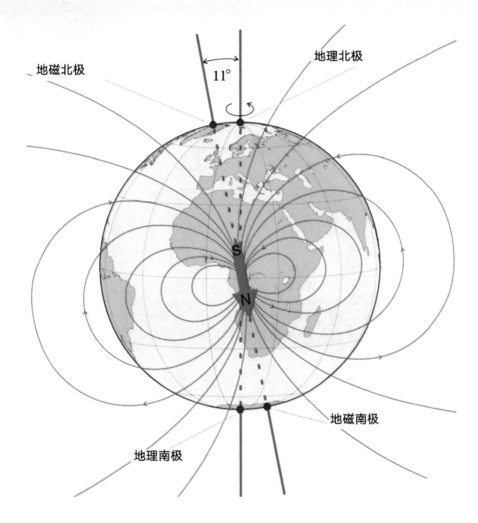

地磁北极

地理北极

11°

地理南极

地磁南极

S

N

▲ 地球的偶极子场

从日核往外是辐射区，其外半径约为太阳半径的 86%。在日核产生的能量以光子的形式向外传播。虽然光子以光速传播，但由于在辐射区的粒子太密，光子在传输过程中要经过无数次碰撞、弹跳，因此，光子要用大约 100 万年才能到达与对流区的交界面。

太阳的"心脏"称为日核（简称核），厚度约为太阳半径的 1/4。太阳能量在太阳的核中产生。在那里，温度高达 1.56×10^{7} 开，密度高达 151 克每立方厘米，因而发生核聚变反应，主要的核反应过程是氢聚变形成氦，产生的能量被带到太阳表面（光球层），在那里以光和热的形式释放出来。

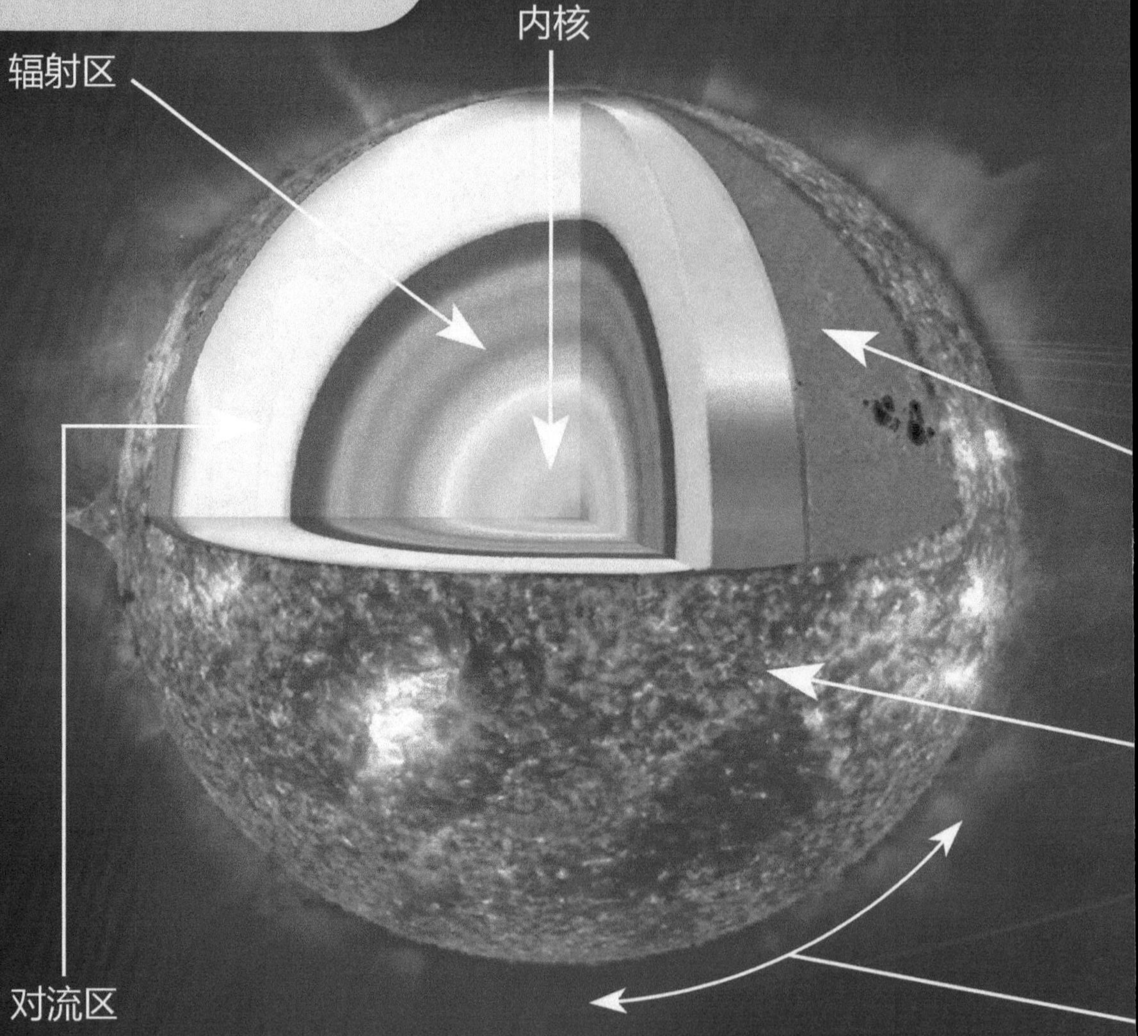

辐射区

内核

对流区

▲ 太阳的结构

对流区是太阳内部结构的最外层，从大约 20 万千米的深度一直到可见的表面。在对流区底部，温度大约为 2.2×10^{6} 开；而在对流区顶部，温度下降到 5700 开。于是，底部的高温气体上升，到顶部时温度逐渐降低，气体又开始下落，这样就形成了上下的对流运动。

"发怒"的太阳

太阳的结构

太阳像一个巨大的火球，观测它的表面都有一定的困难，要弄清它的内部结构就更难了。目前人们所获得的关于太阳内部结构的知识，主要根据对其表面的观测结果和理论模型而得出。依据理论模型，太阳内部可分成三个主要区域：内核、辐射区和对流区。太阳的大气由光球层、色球层和日冕组成。

光球层

光球层是位于对流区之上的一个薄层，大约几百千米厚。当我们用肉眼观察太阳时，看到的明亮的日轮就是这个球层。太阳在可见光波段的辐射，几乎全部是光球发射的。因此我们可以说，光球照亮世界。

色球层

色球层是光球层上面的不规则层，大约 2500 千米厚。在色球层中温度从 6000 开升到大约 20000 开。高温稀薄的色球气体会产生特殊的辐射谱线。色球的红色光来自氢元素在 6563 埃（1 埃 $=10^{-10}$ 米）波长的发射。色球可以在日全食时观测到，平常需要用色球的发射线进行单色光观测。

日冕

日冕是太阳的最外层大气。它在色球层以上，直至几个太阳半径甚至更远。日冕是温度为 1×10^8 开的较稀薄的等离子体，其电子数密度在底部约 $1 \times 10^8 \sim 1 \times 10^{10}$ 每立方厘米，向外密度减小。日冕辐射覆盖了从 X 射线到无线电波的整个电磁波谱段。在远紫外线和 X 射线波段，日冕辐射则强于光球及色球，成为主要发射源。

太阳风

太阳风

在太阳日冕层的高温（几千万开）下，氢、氦等原子已经被电离成带正电的质子、氦原子核和带负电的自由电子等。这些带电粒子运动速度极快，以致不断有带电的粒子挣脱太阳的引力束缚，射向太阳的外围，形成太阳风。太阳风的密度非常低，每立方厘米内只有几个带电粒子。太阳风还携带着从太阳发出的磁场，也称行星际磁场（IMF）。

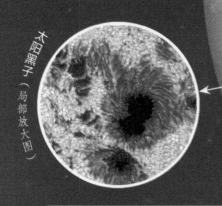

太阳黑子（局部放大图）

黑子与太阳活动区

　　初看起来，太阳表面似乎是光亮无瑕的，但实际上，太阳并不"完美"，表面有好多黑斑，这就是太阳黑子。太阳黑子是太阳表面上的黑色斑点，有瞬变的、集中的磁场，它们是太阳最显著的可见特征。

　　太阳黑子是光球层较冷的区域。在黑子的中心最暗区域叫本影，磁场最强，温度最低，温度大约为4500开，而光球层温度约6000开，因而与背景相比较暗。黑子的暗淡归因于热量对流输送受到阻碍，本影区只发射平均太阳热通量的20%。黑子大小相差很大，有小、中、大和特大黑子，直径从3600千米到50000千米，大的黑子有地球那样大，特大黑子是地球的10倍，即木星那样大。黑子通常是成群出现的，一群黑子通常由几个小、中和大的黑子组成。黑子的寿命从一周到几个月。

　　太阳活动区是以日面上黑子群为主要标志，并由黑子群周围的光斑、谱斑、暗条等所组成的局部区域。它随着黑子群在日面上的出现而产生，随黑子群的发展而发展，并发生许多不同而又有联系的太阳活动现象，如谱斑增亮、暗条激活和突然消失、耀斑和喷焰等。近年来的空间观测揭示，活动区是长寿命太阳紫外线和X射线发射的主要源。

　　太阳磁场是非常复杂的，不像我们的地球是偶极场（只有一个N极和一个S极）。在太阳表面，到处都有成对的N极和S极。而在活动区，磁场强，结构复杂。导致太阳发生爆发性活动的直接因素，就是这个强大的、迅速变化的磁场。

日冕物质抛射

　　日冕物质抛射（CME）是日冕物质瞬时向外膨胀或向外喷射的现象。抛射出来的物质主要是由电子和质子组成的等离子体，加上伴随着的日冕磁场。大的 CME 可含有 100 亿吨等离子体，这些物质被加速到每秒几百甚至上千千米。日常所说的太阳风暴，就是指日冕物质抛射。

　　典型的 CME 结构可以分成三部分：亮的前沿、中间暗穴和内部致密亮核。但是仍有许多日冕物质抛射欠缺其中一部分。根据 SOHO 飞船观测的统计结果，具有全部三部分的日冕物质抛射占总数的 1/3 左右。跨赤道的巨环形 CME 和呈纽绞结构的 CME 也是常见的。此外，还有一种晕状 CME，尺度大，其抛射过程在日轮外 360° 的范围内都能观测到。这种 CME 中大约有半数是沿着日地连线抛向地球，是导致灾害性空间天气的主要因素之一。

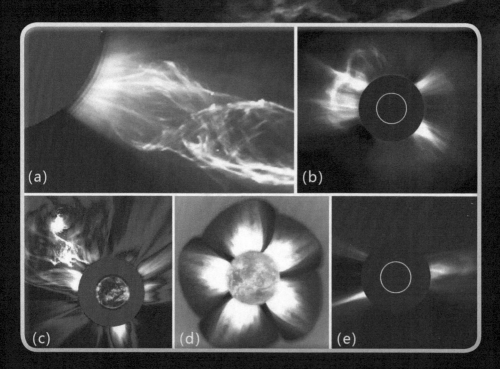

▲ 日冕物质抛射

（a）扭曲的 CME；（b）晕 CME；（c）复杂的 CME；（d）由典型 CME 拼成的"花瓣"；（e）双泡 CME

太阳耀斑

　　耀斑是太阳突然的、快速的、强烈的亮度变化现象。当太阳大气层中的磁能积累到一定程度时，突然以电磁辐射的形式释放出来，辐射的波谱从长波射电一直到可见光、X 射线和 γ 射线。一个大耀斑所释放出的总能量相当于百万个亿万吨级的氢弹同时爆炸！当磁能释放时，电子、质子和重离子等粒子也在太阳大气中被加热和加速。

　　根据耀斑所释放出射线的能量大小，将耀斑分成三种类型：X 型（大）、M 型（中）、C 型（小）。对于 M 型和 C 型，还可以进一步分成 9 个小类型，M1 到 M9，C1 到 C9。而 X 型的耀斑可以分为 X1、X2……Xn 等，但 n 没有上限。每一类型字母后面的数值越大，表示耀斑强度越大，如从 X1 到 X9 耀斑强度不断增大。

日珥

日 珥

  在日全食时，太阳的周围镶着一个红色的环圈，上面跳动着鲜红的火舌，这种火舌状物体就是日珥，日珥是在太阳的色球层上产生的一种非常强烈的太阳活动，是太阳活动的标志之一。

  日珥像是太阳面的"耳朵"一样，大的日珥高于日面几十万千米，还有无数被称为针状体的高温等离子小日珥，高9000多千米，宽约1000千米，平均寿命5分钟。按运动情况来看，日珥可分为爆发型、宁静型和活动型三大类。日珥的形状变化万千，有的像浮云，有的似喷泉，还有圆环、拱桥、火舌、篱笆等形状。

太阳的周期变化

太阳活动有爆发性和周期性两类。爆发性活动指时间尺度从几秒到几小时、发生在太阳局部区域的剧烈活动，如前面所述的太阳耀斑和日冕物质抛射，都属于爆发性活动。周期性活动主要指太阳黑子数量的 11 年周期变化。

太阳黑子的数量并不是固定的，它会随着时间的变化而上下波动，黑子数越多，表明太阳活动越强烈。黑子数量变化的周期为 11 年，称为一个太阳黑子周期，也称太阳活动周。我们把太阳活动强烈时称为峰年，太阳活动低时称为谷年。

目前普遍用太阳平均黑子数（SSN）来描述太阳活动的强弱。在太阳活动较小时，在最初的几天或几周内，太阳表面很少有或者没有黑子，少量的黑子出现在 30°～40° 的中纬。随着太阳活动周发展，在 5.5 年内黑子数增加，黑子形态复杂。到最大黑子数时，在特殊日子，太阳的黑子数超过 150 个。太阳黑子数在达到最大以后，开始逐渐减少，到本周期开始后的 11 年达到最小。

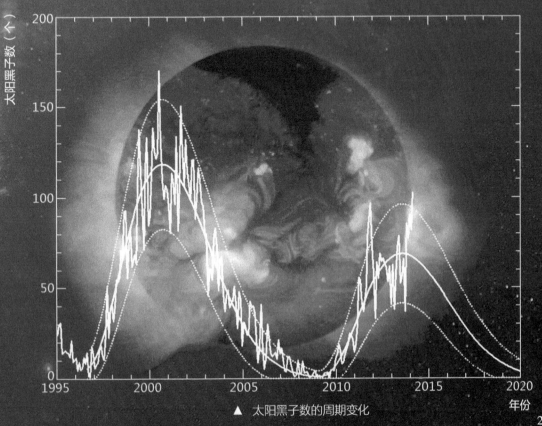

▲ 太阳黑子数的周期变化

短波电磁辐射
（8分钟到达地球空间）

耀斑

3. 携带行星际磁场的太阳风（等离子体）

太阳风等离子体与磁层相互作用，产生复杂的电流系，进而严重影响空间磁场，产生所谓磁暴和亚暴，使地球空间的状态发生巨大的变化，对卫星的运行和许多高技术系统产生直接的影响。

太阳风 4 天左右到达地球。

地球空间对太阳变化的响应

太阳影响地球空间的三种途径

1. 短波电磁辐射

　　太阳的电磁辐射涵盖了整个电磁波谱，但对地球空间影响最大的是短波波段，特别是紫外线与 X 射线，影响最直接的区域是电离层，因为这两个波段是电离层的主要电离源。当太阳发生耀斑时，紫外辐射与 X 射线辐射可以在短时间内增加几十倍甚至上百倍，导致向阳面大气层的电离效应明显增强，电离层电子密度急剧增加，电离层产生严重的扰动，直接效应是无线电通信受到干扰，甚至完全中断；导航与定位系统也会受到严重的干扰。

　　耀斑发生后，短波电磁辐射（紫外线与 X 射线）以光速传播，8 分钟到达地球空间，对地球的电离层产生直接的影响，如电离层突然骚扰。

2. 高能带电粒子

　　太阳质子事件可以危及航天员的安全，使在轨航天器发生多种形式的操作异常；质子事件还影响极区的无线电通信，影响中高层大气的状态。高能电子事件会造成航天器内部充电，使航天器操作发生异常，甚至损害航天器的部件。严重的内部充电甚至使航天器完全失效。

　　来自耀斑或日冕物质抛射的高能带电粒子 3 天左右到达地球，大的能量粒子事件可能会产生磁暴。

太阳风
（4天到达地球空间）

空间环境变化对人类的影响

通过长时期的观测研究，现在人们已经清楚地认识到，空间环境的变化对人类有直接的影响，这些影响包括以下方面：

● 对在轨航天器安全运行产生影响，包括航天器运行异常、失效及在轨寿命。

● 对导航、定位与通信的质量及安全产生影响。

● 影响航天员在轨安全。

● 对低层大气环境产生影响。

● 对地面输电系统运行产生影响。

● 对地下油气管线安全产生影响。

● 对人类健康产生影响。

● 对军事活动产生影响。

空间天气的内涵

从前文我们知道，太空不是空的，太阳是不断变化的，我们把地球空间环境对不断变化的太阳的响应叫作空间天气。

这个定义涉及三个层面。第一个层面明确了空间天气的源，那就是太阳的活动性；第二个层面明确了空间天气的空间范围，即地球空间；第三个层面明确了空间天气的本质，即地球空间环境的状态。将日常天气与空间天气的定义对比，前者是中性大气的状态，后者是地球空间的等离子体、高能带电粒子、电流系和电磁场的状态。

右图概述了空间天气变化的因果链。这个图反映了空间天气的特点：（1）空间天气的主要介质不是中性大气，而是等离子体，此外还涉及地磁场和空间电流；（2）空间天气状态直接受太阳活动的影响，这种影响是通过短波电磁辐射、太阳风和高能带电粒子的作用达到的；（3）空间天气的变化会对人类社会生活产生多种多样的效应，而这些效应在日常生活的天气现象中是不存在的，而且，有些现象的物理机制目前还不完全清楚。

空间天气效应

高能电子

损坏卫星电子部件

太阳耀斑质子

电离层电流

GPS 信号
闪烁

对民航游客的辐射效应

电力系统中的
地磁感应电流

对海底电缆的效应

管线的地电流

33

空间天气的状态复杂多变，但随着技术的发展，人类有能力了解和掌握空间天气变化的规律。因为人类拥有多种观测空间天气变化的方法和手段。

● 遍及全世界的地面台站，包括地磁观测台、太阳观测望远镜和雷达站，特别是在极区建立了许多科考站。

● 发射了大量用于直接观测空间环境变化和太阳变化的卫星。

● 积累了大量近地空间环境和太阳状态的资料，为深入研究打下了基础。

● 在大量观测的基础上，建立了许多能反映空间天气动态变化的模式，为预报奠定了基础。

正因为人类具备了探测和研究空间天气变化的能力和手段，空间天气学才成为一门学科。

太阳暴

日冕物质抛射

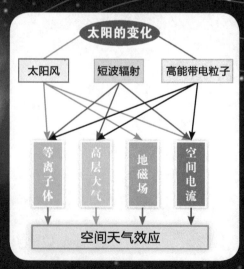

▲ 空间天气变化的源与效应

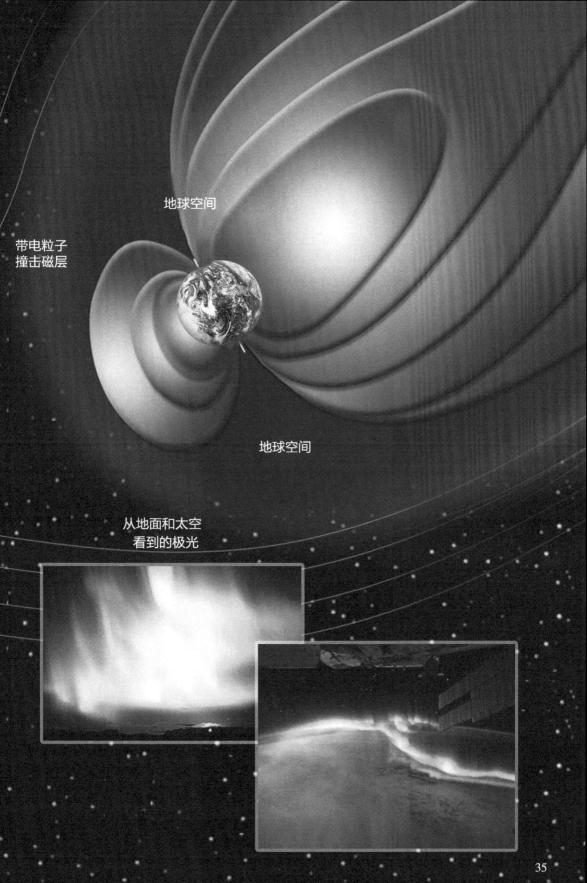

地球空间

带电粒子
撞击磁层

地球空间

从地面和太空
看到的极光

第 2 章

空间天气现象

空间天气起因于太阳活动，并直接影响地球空间的状态。这些地球空间的状态包括等离子体、高能带电粒子、电流系和电磁场的状态，它们是空间天气真正的主角，就像日常天气中的风雨雷电一样，掌控着地球空间的变化。本章就为大家逐一揭开这些神秘主角的面纱。

本页图为空间天气的一种表现形式——美丽的极光。

地球磁场的变化

地磁活动与磁暴

地球拥有磁场，一般来说，地磁场是相当稳定的，随时间的变化非常缓慢。但我们在地球表面或在空间测量的磁场，不完全是固体地球内部产生的，还叠加有各种空间电流系产生的磁场，这样在空间测量到的磁场是不断变化的，或者说地磁场发生了扰动。通常将地磁场发生的各种扰动统称为地磁活动性。

磁暴是全球范围内地磁场的剧烈扰动，扰动持续时间在十几小时到几十小时之间。

从磁暴的名称就可以推测，此时地磁活动非常强烈。什么原因导致磁场发生如此强烈的变化呢？原因便在于太阳风。当撞击地球的太阳风所携带的行星际磁场具有长期（几小时或更长）的南向分量且具有较大的幅度（大于10纳特）时，将有大量带电粒子注入磁层，在地磁场的作用下，这些带电粒子中的一部分在赤道平面环绕地球移动，使环电流（环电流大体上在地球赤道上空流动，电流的方向从东向西，位于距离地球2~10个地球半径的赤道面内）增加，因而使地磁场的水平分量减小。

在日常生活中，暴风、暴雨之类的天气对人类的生产和生活影响很大。类似地，磁暴对人类的技术系统也是有很大影响的。暴风和暴雨通常都是局部

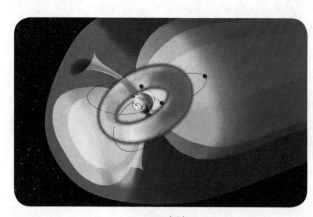

▲ 环电流

的，可磁暴是全球性的，因为环电流把地球都围起来了，所产生的磁场当然是影响全球了。最重要的是，我们直接看到的只是地磁场的水平分量发生了变化，但所造成的影响却是方方面面的。因为空间天气涉及的介质主要是等离子体，磁场一变化，等离子体的温度、密度以及运动状态都要变化；另外，变化的磁场还要产生电场，变化的磁场和电场一股脑都加到等离子体上，整个形态都变了，影响了卫星的正常运行，对导航、定位和通信都带来巨大影响。所以我们特别要关注空间天气现象。

一个完整的磁暴可分为初相、主相和恢复相三个阶段，在磁暴主相和恢复相期间经常有磁层亚暴出现。

亚　暴

亚暴有时也指磁层亚暴或极光亚暴，是地球磁层和高纬电离层夜晚面发生的强烈的扰动过程，持续 1 ～ 3 小时。在此过程中，巨大的太阳风能量输入磁层，并最终释放到内磁层和极区电离层、热层。

磁层亚暴是磁层最主要的能量存储、传输和释放过程，也是磁层对行星际扰动最基本的响应方式。磁层亚暴发生频繁，平均一天 4 ～ 5 次，每次相当于一个中等以上的地震释放的能量。磁层亚暴增强磁层与电离层系统的电流，产生极光，加热极区电离层和热层，同时将高能带电粒子注入环电流和辐射带。磁层亚暴可使地球同步轨道和极轨卫星充电，导致这些卫星操作异常甚至完全失效。

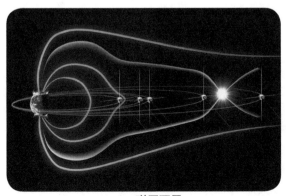

▲ 磁层亚暴

▲ 极光亚暴

高层大气温度与密度剧变

日夜温差 500 度

在地面 100 千米以上，大气已经非常稀薄，太阳紫外线的加热，使得大气温度迅速升高，我们将这个区域称为热层。除了大气吸收太阳电磁辐射能量之外，在靠近地球两极的区域，通过极光过程沉降的太阳能量粒子和电离层电流的焦耳加热，也是热层重要的热源。由于这两个热源经常变化，因此热层温度实际上变化很大。

热层的空气密度很小，据探测，在 120 千米高空，声波已难以传播；在 270 千米高空，大气密度只有地面的一百亿分之一，所以在这里即使在你耳边开大炮，你也难听到什么声音。热层里的气温很高，据卫星观测和接收机模拟结果，在 350 千米高度上，白天最高气温达 1500 开，日夜温差达 500 开。热层虽是大气中温度最高的区域，但大气极稀薄，分子碰撞机会极少，该层的高温反映了分子巨大的运动速度，与低层稠密大气有所不同，不会对通过其中的航天器造成很大影响。

热层温度趋于常数的高度称为热层顶。热层顶的高度随太阳活动的强弱而变化，太阳活动高峰时期约在 500 千米高度，温度达 1500 开；宁静期的高度下降到 250 千米左右，温度约 600 开。

密度随太阳活动变化巨大

　　长期受太阳活动的影响，高层大气密度变化幅度很大，高层大气密度直接影响到大气对卫星的阻力，从而影响卫星轨道寿命。太阳紫外辐射几乎完全被地球高层大气吸收，引起高层大气加热，就中、低纬和全球平均而言，它是 170 千米以上高度热层大气的主要能源。在 340 千米高，太阳紫外辐射 11 年变化引起的大气密度变化约为 10 倍；而在 500 千米高度则近 50 倍。

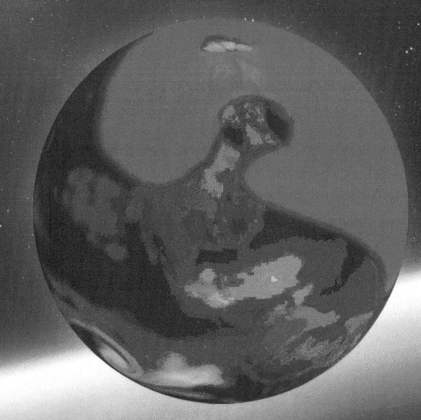

▲ 中等磁暴期间全球大气密度变化

太空中的"雨"

高能带电粒子是指具有很大能量的带电粒子，这些能量主要是指动能，因此高能粒子也可以说成高速运动的粒子。高能带电粒子包括高能电子和高能质子。在等离子体的背景中，经常有高能带电粒子穿行，我们不妨将其称为太空中的"雨"。

高能电子暴

高能电子暴是指辐射带中能量在数十万电子伏到数兆电子伏的电子通量突增事件。高能电子暴可分为突发型和滞后型两类。突发型电子暴的特征为磁暴急始后辐射带高能电子通量突然增强 2 个数量级以上。大多数高能电子暴是滞后型的，在磁暴开始 1～3 天后在外辐射带范围内，相对论电子强度逐步增强 1～2 个数量级，维持数天乃至 1～2 个星期。目前普遍认为，高能电子暴起源于对磁层亚暴产生的能量约为 1 万～10 万电子伏的中能电子的加速过程。突发型电子暴是行星际激波到达地球后对中能电子加速产生的；滞后型电子暴机制的研究目前还处在起步阶段。

太阳质子事件

太阳的一种爆发性活动是在短时间内发射出大量高能带电粒子，主要是质子，因此也称太阳质子事件（SPE）。

根据美国国家大气与海洋管理局（NOAA）空间环境中心的定义，当能量大于 10 兆电子伏的质子在 15 分钟内出现的数目超过 $10s^{-1}cm^{-2}sr^{-1}$（$s^{-1}cm^{-2}sr^{-1}$ 的意义是单位时间、单位面积和单位立体角）时，我们就说发生了太阳质子事件。

太阳质子事件的能量范围一般在 10 兆电子伏到 100 兆电子伏之间，但非常大的太阳质子事件能量可能达到 20 吉电子伏的数量级。

在强的太阳能量粒子事件中，质子能量足够高，会产生以下危害：可穿透载人飞船的壁，对航天员产生危害甚至造成致命的辐射损伤；可危害电子设备，使太阳能电池性能下降；还可能危及在极区航线上飞行的飞机内旅客的安全。

太阳质子还能使臭氧减少。太阳质子事件在中高层大气中产生相当数量大的 HO_x 以及 NO_x，这类物质能使臭氧极度减少。在 2000 年 7 月 14—16 日的太阳质子事件中，中层大气的臭氧减少了 70%；2003 年 10 月 28 日的太阳质子事件使高层大气的臭氧密度减少了 75%。太阳暴是高层大气臭氧耗散的主要驱动因素。

等离子体的变化

电离层突然骚扰

空间等离子体主要由太阳的短波辐射，即紫外辐射和 X 射线辐射而产生。当发生太阳耀斑时，这两种辐射急剧增加，甚至可比平时增加一两个数量级，因此必然使地球电离层的状态发生急剧变化。

太阳耀斑产生的高能电磁辐射暴以光速运动，在离开耀斑位置后仅 8 分钟就可到达地球，使地球向阳面电离层特别是 D 层中（见本书第 14 页、第 15 页）的电子密度突然增大。这种现象称为突然电离层骚扰。当这种骚扰发生时，从甚低频到甚高频的电波传播状态均有急剧变化。例如，由于 D 层电子密度增大，经过 D 层传播的高频无线电波突然受到强烈吸收，常出现短波通信中断，称为短波消失现象。来自天外的宇宙噪声，由于 D 层吸收高频无线电波突然增加而强度突然减弱，称为宇宙噪声突然吸收。但从 D 层反射的长波和超长波信号突然变强，相位也发生突变，称为突然相位异常现象；而接收处雷电产生的"天电干扰"的强度也明显增强，称为天电突增。耀斑期间，E 层和 F 层底部的电子密度也突然增加，可引起短波频率突然偏离现象。

2000 年 6 月 6 日，太阳连续爆发了两次大耀斑，伴随着耀斑爆发的日冕物质抛射于 6 月 9 日凌晨到达地球，引起了磁暴。我国各电离层观测数据表明短波最高可用频率比正常情况下降了超过 50%，有些观测站因严重的电离层吸收，电离层垂直探测仪测不到回波，从满洲里至新乡的短波通信电路中断，同时，卫星通信信号忽大忽小，严重影响通信质量。事件持续了 17 小时，直到 6 月 9 日 22 时才基本减弱。类似这类因太阳活动影响通信的事件并不少见。

短波衰减是电离层突然骚扰的一种表现形式。

无线电通信，大家并不陌生，电报、雷达、收音机、电视、手机的原理都是基于无线电传播，即将声音、文字、数据、图像等信号调制在无线电波上，利用无线电波在空间来传输信息。

由于地球表面是弯曲的，通过电磁波直接通信的距离有限，远程卫星的传播主要靠地球电离层对电磁波的反射。大气层是导电的，因此也能反射电磁波。由于电离层是包围整个地球的，所以当从地面斜向发射电磁波时，就会发生下图所示的反射，经过电离层的反射，电磁波返回到地面，这样，电磁波就可以比在地面直线传播到达更远的目标。

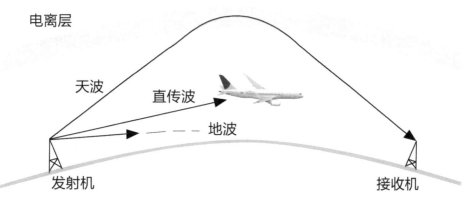

▲ 电磁波传播的简单方式

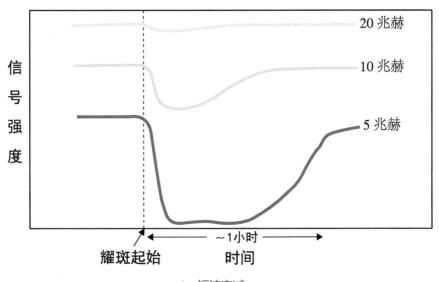

▲ 短波衰减

等离子体温度的变化

　　与一般气体不同的是，等离子体包含两到三种不同组成粒子：自由电子、带正电的离子和未电离的原子。这使得我们针对不同的组分定义不同的温度：电子温度和离子温度。轻度电离的等离子体，离子温度一般远低于电子温度，称为"低温等离子体"。高度电离的等离子体，离子温度和电子温度都很高，称为"高温等离子体"。

　　等离子体温度常用电子伏（eV）来表示。从空间天气学研究的角度看，人们更加关注磁层等离子体的电子温度变化。因为当磁层亚暴发生时，高温电子的数量急剧增加，使地球同步轨道卫星表面充电加剧。

太空中的风

高层大气风

在地球表面，超强台风的速度可以大于 50 米 / 秒。但对高层大气（ 90 ～ 500 千米 ），这个速度可不算大，因为通常情况下的风速也在 200 米 / 秒以上。

控制高层大气及其变化过程的主要能源是太阳极紫外辐射，还有通过磁层传输的能量，特别是在极光或磁暴过程中以焦耳加热和粒子加热等形式传输的能量。此外，剧烈的地磁活动对高层大气有较大的影响。

如果平行于卫星运动方向有 100 米 / 秒的风速，对卫星阻力的影响是 2.5%。根据模拟计算，在大磁暴的情况下，高纬高层大气的风速可达到 1500 米 / 秒。由此可见它对卫星阻力和姿态的影响是相当大的。另外，在大磁暴期间，高层大气的密度也会显著增加，这就会进一步增加对卫星的阻力效应，导致卫星轨道严重衰减，甚至会导致卫星提前坠毁。

磁层中的 "风"

我们对于中性大气的对流运动并不陌生，这种运动源于对流层上下的温度差。接近地表的大气温度高，向上运动，运动到顶部后温度降低，又朝下运动，形成了上下对流运动。磁层中的物质是等离子体，驱动等离子体运动的是电场。当行星际磁场在向阳面磁层顶与地磁场发生重联时，产生大尺度对流电场，驱动等离子体朝磁尾方向运动，在大约几十个地球半径处再次发生磁重联，等离子体朝地球方向运动，这样就形成了大尺度对流运动，我们可以将其类比于中性大气中的 "风"。

太空中的"霾"

前文我们已经分析了传统天气中的霾，其成分主要有矿物颗粒物、硫酸盐、硝酸盐、有机气溶胶粒子、燃料和汽车废气等，对人类的健康十分有害。这些物质主要是由人类活动产生的，也可以看作是环境污染。在地球空间中没有这类物质，但也有一些物质是由人类活动产生的，如太空碎片，给在轨航天器的安全带来很大危害。作为对比，我们将其称为空间天气中的"霾"。还有一类物质是微流星体，它不是人工产生的，而是来自宇宙空间，但对航天器的危害是一样的，我们也将其归为"霾"。

微流星体

1. 微流星体、流星、陨星及流星雨

微流星体一般来自彗星及小行星的分裂和破碎，与地球的相对速度很高，因此，当流星体进入地球大气层后，因与大气剧烈摩擦而产生发光现象。许多流星体在大气中就燃烧尽了，一些较大的流星体没有燃尽，落到了地球表面，我们把这些物体称为陨星。陨星可根据化学成分分为陨石、陨铁和陨铁石三种。1976年3月8日落入我国吉林的陨石重达1770千克，是世界上最重的陨石。世界上最重的陨铁重约60吨，在纳米比亚境内。我国新疆大陨铁重30吨，名列世界第三。每天坠入地球大气层内的流星数量之多简直令人难以置信。重量在1克以上的有2万多颗，重量大到足以发出人眼可看到光的流星2亿多颗，更小的流星有几十亿颗。能落到地面的陨星每年多达500颗，人们一般只能找到20多颗。目前世界上已发现的陨星共约1700颗。卫星测量表明，每天约有

3000 吨流星体进入地球大气层。

当地球运转到彗星的轨道附近时，在地球的引力作用下，彗星留在轨道上的大量尘埃和碎片高速进入地球大气层，导致在短时间内在天空特定方向出现大量的流星，我们把这种现象称为流星雨，并以流星出现方位的星座为流星雨命名，如出现在狮子座方位的就叫作狮子座流星雨。

2. 流星雨为什么周期性出现？

地球围绕太阳做周期性的运动，每年与特定彗星轨道相遇的时间是确定的，如穿过 Tempel-Tuttle 彗星轨道的时间在每年的 11 月 14 日至 21 日左右，在这期间看到的流星雨就是狮子座流星雨；而英仙座流星雨则在每年 7 月 20 日至 8 月 20 日前后出现。

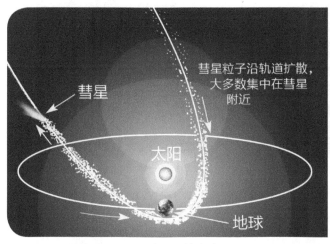

▲ 流星雨的产生

▲ 流星雨

空间碎片

空间碎片也称轨道碎片、太空碎片或太空垃圾。根据欧洲第六次太空碎片会议公布的结果，自从 1957 年 10 月 4 日苏联发射第一颗人造地球卫星以来，人类已进行了 4900 多次太空发射，导致今天在太空中有约 2.2 万个可观测到的、大于 10 厘米的目标。在这些目标中，大约有 1000 个是正在运行的航天器，其余的为太空碎片，即不能服务，也没有任何用处的物体。此外，

估计在地球轨道有 70 万个大于 1 厘米的碎片，有 1.7 亿个大于 1 毫米的碎片。

由于这些碎片相对于航天器的速度非常高，所以即使厘米大小的碎片也会严重地损坏航天器，或者使之不能正常运行；大于 10 厘米的碎片与航天器碰撞，将导致航天器产生灾难性的破裂，并释放出碎片云，这些碎片可能再次发生灾难性碰撞，使某些轨道区域产生非常严重的碎片环境。

为了提高我们对太空碎片环境的了解，评估其风险，降低其增长速度，需要对太空碎片在地球空间的分布进行深入探测，为建模和预报打下坚实的基础。

▲ 低地球轨道太空碎片分布

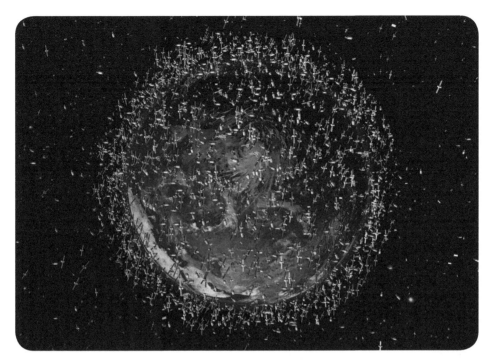

▲ 极轨太空碎片分布

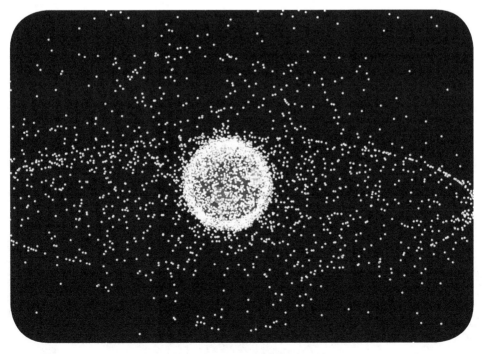

▲ 地球同步轨道太空碎片分布

极 光

绚丽多彩的极光

顾名思义，极光是发生在极区高层大气的发光现象。但是，是什么原因引起极区高层大气发光呢？为什么极光五颜六色、绚丽多彩呢？现在人们已经清楚，极光现象与高能带电粒子有密切的关系。来自地球磁层或直接来自太阳的高能带电粒子注入高层大气时，撞击那里的原子和分子，激发出各种颜色的光。

极光通常出现在高磁纬地区，在背阳侧主要在 100 ～ 150 千米的高空，在向阳侧主要在 200 ～ 450 千米范围内。在地磁活动时期，特别是大的地磁活动时的极光极为壮观。在磁暴期间，极光有时可以延伸到纬度较低的地区。

▲ 典型的极光图形

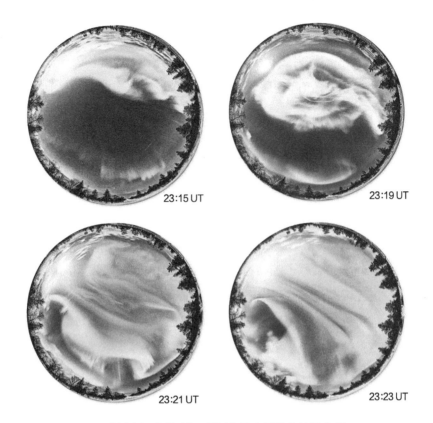

23:15 UT

23:19 UT

23:21 UT

23:23 UT

▲ 2014 年 3 月 12 日至 13 日夜间发生的极光暴

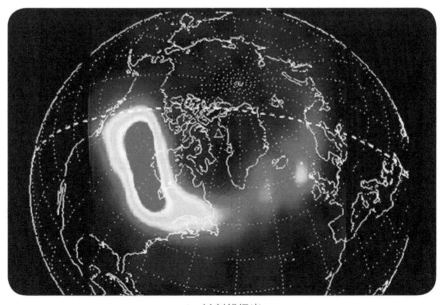

▲ X 射线极光

极光是大自然神奇的魔术师，在夜幕下展现出各种不同的形态，如宁静的均匀光弧（或光带）、射线状极光、弥散状极光和大尺度均匀光面。X射线极光图说明有高能电子沉降到地球的极区。

极光是空间天气的屏幕

根据产生极光的带电粒子种类，极光可分为质子极光和电子极光。高能质子注入地球高层大气时激发的极光叫质子极光，一般呈微弱的弥漫状光带，肉眼不易看见。高能电子注入地球高层大气时激发的极光称电子极光。电子与氮分子、氧分子、氧原子等相撞时，导致它们电离、激发和离解，产生暗红色极光。极光区高层大气可以看作是空间天气变化的屏幕，许多复杂的空间天气现象都可以从这个屏幕上显示出来。通过对极光强度、颜色和分布的观测，可以定量地确定粒子沉降、极区电离层加热等参数，这对于预报空间天气的变化是非常重要的。

极光给社会带来的困惑

绚丽多彩的极光给极区和高纬地区的民众生活带来不少乐趣，但有时也会带来困惑。某些极光由于发出的光太红、太亮，被误认为是发生了火灾。下面列举一些关于极光的有趣故事，这些故事刊登在当时的新闻媒体上，如《纽约时报》《华盛顿邮报》等。

● 1859年8月28日极光。华盛顿的几支消防队被召集起来；巴哈马的伊纳瓜群岛的居民非常恐慌，认为是大火烧毁了他们邻居的住房。

● 1859年9月2日极光。美国新奥尔良市的消防队以为是郊区发生了大火。

● 1859年9月3日极光。美国加利福尼亚州金士顿的居民认为古巴被大火烧光了。

● 1870年10月14日极光。美国康涅狄格州中南部城市纽黑文的消防队接到火警，并立即召集队伍去灭"大火"。

● 1892 年 2 月 13 日极光。美国俄亥俄州辛辛那提的公民错误地将极光认为是加拿大哈密尔顿市发生了火灾。

● 1918 年 3 月 9 日极光。这次极光使许多人迷惑，人们以为是德国轰炸伦敦引起的熊熊大火。

● 1926 年 3 月 9 日极光。奥地利萨尔茨堡市的消防队被派出去扑灭"大火"，居民认为整个城市在熊熊燃烧。

● 1927 年 2 月 25 日极光。瑞士日内瓦的居民要求消防队去扑灭"大火"。

● 1938 年 1 月 25 日极光。这个极光非常壮观，整个欧洲一直到南大洋洲都看得到。在百慕大，许多人以为海上的行船失火，汽船协会开始检查电报，看是否有人发出过 SOS 信号。

● 1941 年 9 月 18 日极光。有人认为是德国不来梅市因遭到空袭而燃起大火。

▲ 大极光

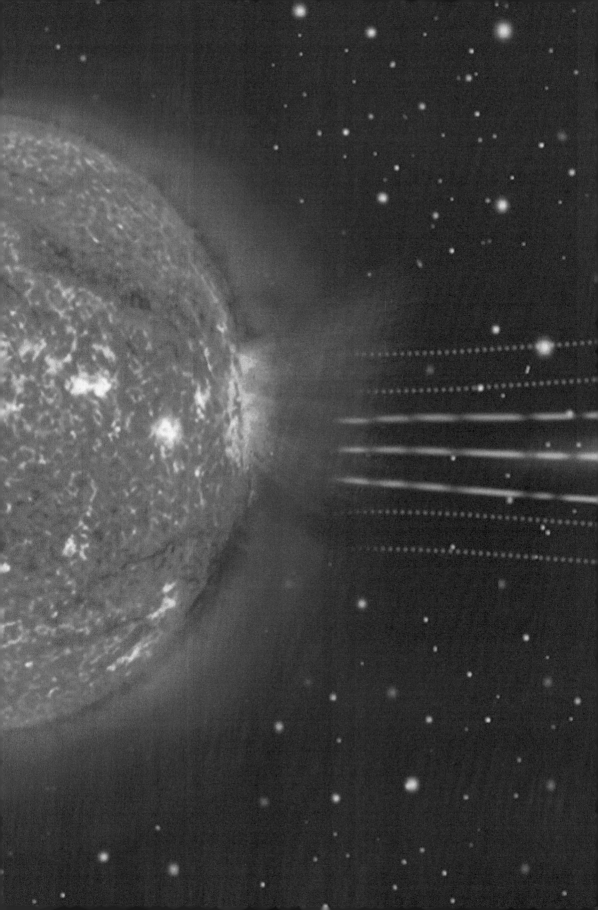

第3章

空间天气对人类社会的影响

　　"太阳一发烧，地球就感冒"，"感冒"的地球会发生诸如卫星表面充电、空间碎片撞击、无线电通信中断等不良反应，这些不利事件时刻影响着我们的社会。本章，我们就要为"感冒"的地球把脉！

空间天气与卫星运行

空间天气与航天器相互作用，会使航天器产生各种各样的异常现象，这些现象的严重程度从比较容易恢复的单粒子翻转到航天器完全失效，一般可分为以下几种类型：

● 大气层对航天器的拽力引起的轨道异常；

● 微流星体与轨道碎片带来的危害；

● 空间等离子体造成的航天器表面充电；

● 高能电子产生的航天器内部充电；

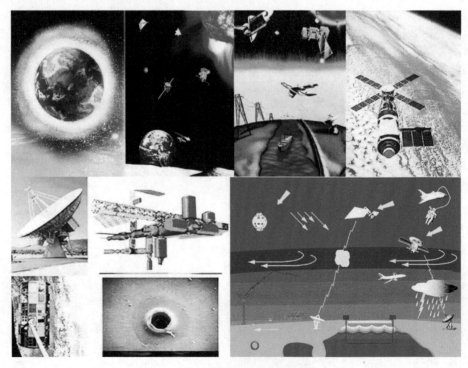

▲ 空间天气对航天器的效应

- 高能质子和宇宙射线产生的单粒子翻转；
- 空间辐射对航天器的总剂量效应；
- 太阳射电辐射对航天器遥测系统的影响；
- 大气层中原子氧对卫星表面材料的剥蚀作用；
- 地磁场变化对航天器导航与定位的影响；
- 光子学噪声。

下面将重点分析其中几种典型效应。

卫星表面充电

在航天器暴露的外表面上的电荷积累称为航天器表面充电。表面充电包括绝对充电和不等量充电两种类型。如果航天器表面全都是金属，整个飞船将充电到相同的电位，这个过程称为绝对充电。绝对充电是瞬时实现，特征周期是毫秒的量级。如果航天器表面使用电介质材料，表面不同部位可能具有不同的电位，这个过程称不等量充电。不等量充电具有从秒到分钟的时间尺度。介电材料是积累电荷的不良分布者，因此将存贮在它们中的电荷保持在某一部分。带电粒子含量的变化使得这些表面达到不同的浮动电位。飞船受日照的表面和处于阴影的表面，是不等量充电的典型情况。在两个表面浮动电位差的进一步发展，将引起它们之间电场的发展。不等量充电可能产生强的电场并影响航天器绝对充电的水平。从异常效应的观点来看，不等量充电比绝对充电效应更大，因为它可导致表面弧光放电或航天器不同电位表面之间的静电放电。这种弧光放电直接引起航天器部件的损坏和在电子部件中产生严重的干扰脉冲。在同步轨道，航天器异常基本上是由不等量充电引起的。

在平静空间环境期间，地球同步轨道空间等离子体为高密度冷等离子体（等效温度约 1 电子伏，密度约 100 个每立方厘米），一般卫星表面充电电位不会很高，由表面带电引起的卫星异常发生可能性较小。但亚暴期间，由于粒子从磁尾注入，高密度冷等离子体被能量为 1～50 千电子伏的低密度（1～10 个每立方厘米）等离子体云代替，这些新注入的高温度电子导致卫星明显充电，使卫星异常事件增多。

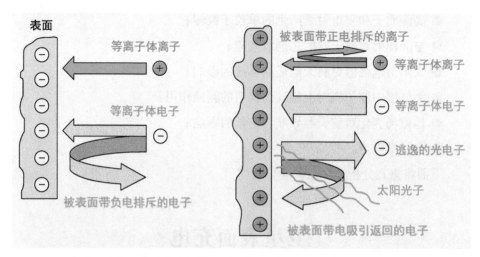

▲ 不同光照条件下表面带电的情况（左：表面在阴影中；右：表面在光照下）

　　磁层亚暴加热近磁尾等离子体，使高能电子含量急剧增强。电子温度是卫星表面充电电位的决定因素，大量的高温电子撞击到卫星表面，使卫星表面电位增加到负几万伏。如果卫星表面各部分是不等量带电，则不同部件之间的电位差可引起放电，导致卫星故障。地球同步轨道卫星的这类故障绝大多数发生在磁层亚暴期间。

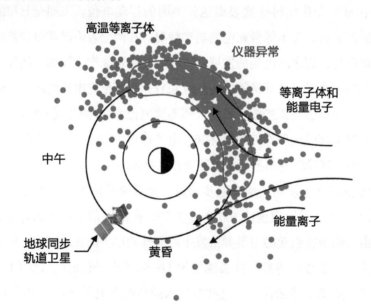

▲ 磁层亚暴期间等离子体注入导致卫星表面充电严重

卫星内部充电

航天器内部充电是由能量范围为 0.1 ～10 兆电子伏的高能电子引起的，它们穿透航天器的屏蔽层，沉积在电介质内。当电荷的积累率高于电荷的泄漏率时，这些电荷产生的电场有可能超过介质的击穿阈值，产生静电放电，从而造成航天器某些部件的损坏，最终导致航天器完全失效，带来严重的经济损失和社会影响。据美国地球物理中心数据库提供的资料，从 1989 年 3 月 7 日至 31 日的 46 例卫星异常，大部分是因为静电放电。由此可见，高能电子引起的静电放电对卫星构成了严重的威胁。正因如此，高能电子被称为卫星的"杀手"。

▲ 电介质内放电产生的火花

卫星轨道衰减

高层大气层密度的变化直接影响到大气层对卫星的阻力，从而影响到卫星轨道寿命。大气密度随太阳周期活动长期变化，也随太阳爆发性活动剧烈变化。高层大气受太阳辐射的影响，有十分明显的 11 年周期的长期变化特征，对长期飞行的航天器轨道、寿命产生严重影响。而在大磁暴期间，大气密度在短时间内急剧增加，可导致低轨卫星轨道迅速下降，严重情况会导致卫星坠落于大气层。

如对 400 千米轨道高度，太阳活动谷年时卫星寿命大于 4 年；而在峰年时，其寿命不到 7 个月，相差近一个量级。

几个小时到几天时间的轨道周期变化，对卫星的跟踪及确认各种飞行目标所需要的编目表的维护十分重要。磁暴期间从磁层带来的高能粒子沉降和源于磁层电场耗散引起焦耳热，使极盖区和极区增温，驱动大尺度风场，通过热传输，短时间内引起全球加热和大气密度增加，使航天器飞行发生异常，造成定位偏差，扰乱空间目标编目表，足以使地面跟踪系统丢失需要跟踪的大量飞行目标，1989 年 3 月强烈磁暴造成的这种灾害就是最典型的例子。

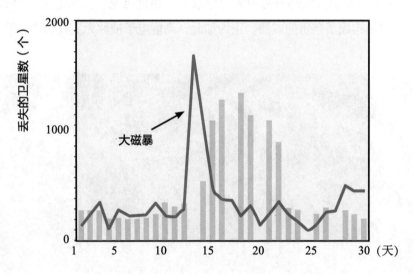

▲ 在 1989 年 3 月大磁暴前后跟踪丢失的卫星数

太空碎片撞击

微流星体及轨道碎片对飞船的危害主要来自撞击作用。撞击可降低暴露的飞船材料的性能（如大的粒子可穿透防护层），在某些情况下，降低卫星执行任务的能力。具有相对速度为 10 千米 / 秒、直径约为 0.7 毫米的铝碎片可穿透典型的 2.5 毫米厚的铝屏蔽。这些撞击对卫星内部部件、电子学部件、电池、马达和机械部件等都是很危险的。

据美国国家航空航天局（NASA）统计，因碎片撞击，航天飞机平均每次飞行要更换 1.41 块舷窗，航天员有时透过舷窗可以看到空间碎片飘移而过。

在航天飞机第 105 次飞行期间，其表面有 144 处受到撞击，其中撞击尺寸大于 2.54 厘米的有 25 处；腹部受撞击有 118 处，尺寸大于 2.54 厘米的有 15 处。

1999 年 6 月，美国发现号航天飞机飞行 10 天返回地面，共发现 64 处撞击痕迹。苏联和平号空间站公布的图片清晰显示，和平号空间站陨落前已经被空间碎片撞击得千疮百孔。

碎片撞击的平均相对速度是每秒 10 千米，最高速度达每秒 16 千米。各种尺寸的碎片都会对航天器造成危害，微小碎片累积效应会改变元器件的性能，撞击产生的等离子体会破坏航天器供电系统。如今，数以亿计的微小碎片已经成为影响航天器寿命的重要因素之一。

较大碎片撞击会使航天器破裂、爆炸，甚至解体，虽然这种撞击在目前的概率极小，但一旦撞上将是灾难性的。

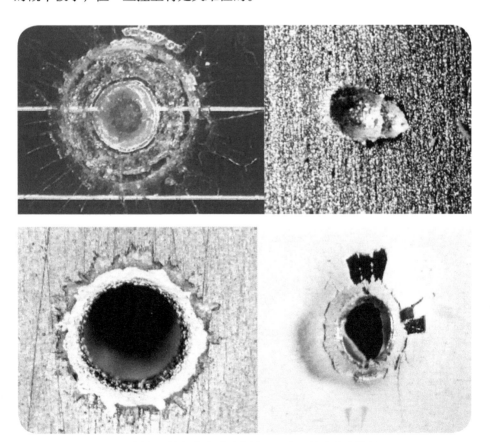

▲ 微流星体与太空碎片在航天器表面撞击产生的坑

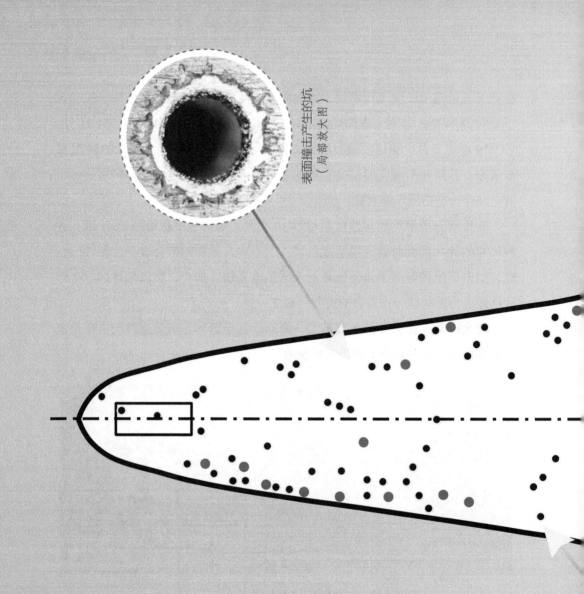

表面撞击产生的坑（局部放大图）

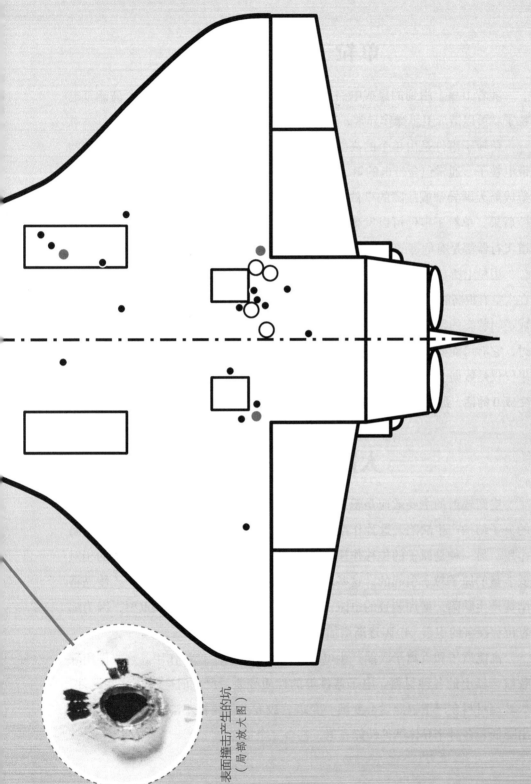

表面撞击产生的坑
（局部放大图）

▲ 航天飞机在执行 STS-105 任务中腹部受到的撞击

单粒子翻转效应

　　随着卫星上用到的集成电路越来越多，集成度越来越高，一个高能带电粒子就可以造成卫星操作异常，这种事件称为单粒子事件。

　　单粒子事件是由单个的高能质子或重离子（所谓重离子就是比质子重的带电粒子，通常包含带电的氦、碳及氖离子等）引起的微电子器件状态改变，造成航天器异常或故障的事件，当控制系统的逻辑混乱时，甚至能造成灾难性后果。单粒子事件可以发生在各种轨道上，所以单粒子事件效应对各种轨道飞行器都是有危害的，是目前最能引起严重后果的空间环境效应之一。

　　卫星上所有的逻辑线路和储存器都是由一种叫作 P-N 结的基本单元构成的。在太空有很高能量的太阳宇宙线和辐射带粒子，如果有个粒子打到卫星上，会造成逻辑状态的翻转，就是说，如果储存器里面原来存着 0，由于高能粒子的通过，它有可能变成 1；或者从原来的 1 变成 0。这样造成的后果可想而知，如果仅仅是数据上一个错，问题不大，如果是在控制系统里面，0 变成 1，或者 1 变成 0 的话，那整个控制逻辑就完全紊乱，可能导致卫星操作异常，甚至失效。

太阳能电池衰减

　　空间辐射的主要效应是辐射损伤，即材料因辐射撞击而受到伤害，材料的分子结构产生缺陷。这种作用主要是通过以下两种作用方式：一种是电离作用，另一种是原子的位移作用。原子的位移作用是由停留在物质中的相对低能量的原子粒子引起的，这些粒子将硅原子撞出适当的晶格位置，使晶格结构产生缺陷，增加装置的电阻。这个问题对太阳能电池特别重要，因为随着位移损害的积累，电阻逐渐增加，输出功率将减少。

　　高能质子和重离子既能产生电离作用，又能产生位移作用。这些作用导致航天器上的各种材料、电子器件等的性质变差，严重时会损坏这些器件，如玻璃材料在严重辐照后会变黑、变暗；胶卷变得模糊不清；太阳能电池输出降低；各种半导体器件性能衰退，甚至完全损坏。

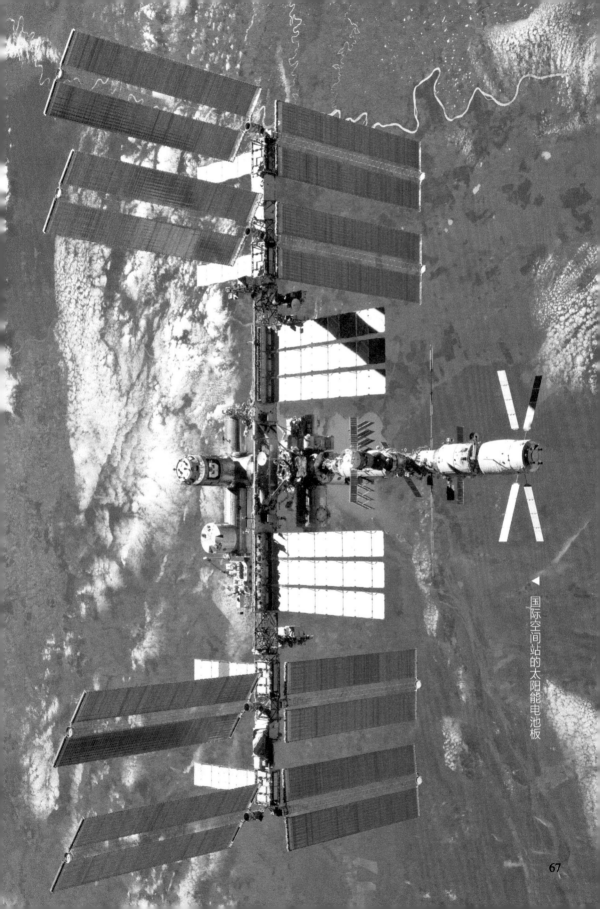

国际空间站的太阳能电池板

67

空间天气与通信

空间天气对无线电通信的效应是非常明显的，其作用途径是太阳暴直接影响电离层状态，电离层状态发生变化后，影响电磁波的反射和折射，产生吸收和闪烁。

高频无线电通信（3～30 兆赫）：影响地球向阳面高频无线电通信，增加吸收，降低最大可用频率和提高最低可用频率。

甚高频通信（30～300 兆赫）：影响电视和调频广播，影响移动通信。

卫星通信（200 兆赫至几吉赫）：增加卫星对地信号的散射，出现信号闪烁、定位误差增大、发射的数据严重失真、损失相位锁定等现象。

无线电通信中断

当强烈的太阳耀斑发生时，X 射线和紫外谱段的辐射强度在短时间内大大增加，X 射线甚至可增加好几个数量级。从太阳耀斑开始发生，在不到 10 分钟之内射线到达地球轨道，使电离层 D 层内电子密度剧增，短波无线电信号衰减，乃至通信中断。而在 D 层底部和地面之间以波导模式传播的甚低频（1 万～10 万赫）电波，由于 D 区电离突增，底高会突然降低，使用甚低频的导航系统的精度取决于计算这个底高的精度，这个高度的快速变化，在确定物体的位置时可产生几千米的误差。

无线电通信是导航与定位的基础，无线电通信受到影响，自然会对导航与定位产生影响。

电离层扰动严重影响通信的例子屡见不鲜。例如，在 1989 年 3 月，在大的太阳耀斑期间，太阳紫外辐射和 X 射线辐射急剧增加，使得 D 区电离层的电离增加，对高频电磁波有强的吸收。如果耀斑足够大，整个高频波段在此期间都无法使用。主要特征是：地球的日照半球受到影响，另外半球不受影响；衰减通常持续几分钟到几小时，具有快的起始和缓慢的恢复。衰减的间隔取决于耀斑持续时间；衰减的大小取决于耀斑的大小和太阳相对于无线电波通过 D 区的位置；吸收在短波的低频段最大。

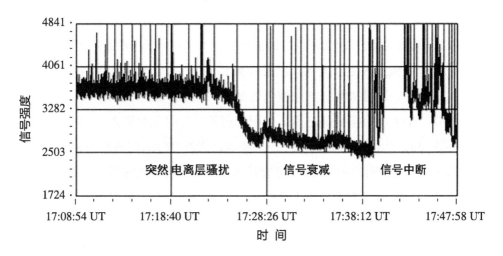

▲ 突然电离层骚扰发生后的信号衰减

通信信号闪烁

　　电离层电子密度的空间不规则性会散射卫星无线电信号并导致其幅度和相位变化。幅度闪烁包括信号衰减，当它超过接受系统的衰减限度时，使卫星通信出现信息误差，导航系统失去锁定。相位闪烁引起频移，可能减弱锁相环执行，如在 GPS 中的导航系统。它们也可影响空-地合成孔径雷达的分辨率。为了对通信和导航系统提供支持，需要确定和预报闪烁的幅度大小、相位闪烁和时间结构。

　　通信信号闪烁现象有极端的时间和空间变化表征。伴随的电子密度不规则性是由复杂的、随时间变化的等离子体不稳定性驱动的。研究其不稳定性的触发机制对取得预报能力是很关键的。

通信信号闪烁现象在赤道地区最严重，在那里，通信信号闪烁常在日落后发生，在南北磁纬15°附近达到最大强度。在严重情况下，电子密度可变化10%。在高纬地区，强的通信信号闪烁事件与极光活动情况有关。在中纬地区，有时会发生弱到中等水平的通信信号闪烁。

极盖吸收事件

在太阳耀斑期间，由太阳发出的能量在5～20兆电子伏范围的质子沿着磁力线沉降到极盖区上层大气，使得地面上50～90千米高度范围内的电子密度大大增加，通过极盖区的短波信号被强烈吸收。极盖吸收事件差不多总是发生在一个大的太阳耀斑之后。太阳耀斑的发生时刻和极盖吸收事件的开始时刻之间通常相差1小时至几小时。吸收增强的持续时间通常为3天左右，最短为1天，最长可持续10天。持续时间随纬度的增加而增加。

吸收强度的时间变化可分为暴时（以耀斑爆发时刻为零时）变化和地方时变化。在太阳耀斑爆发后几小时内，在高于磁纬40°的极区发生强烈的吸收。在几小时内吸收达到极大值，然后开始衰减，在衰减期间吸收表现出明显的周期变化，白天的吸收值通常比夜间的大4倍。

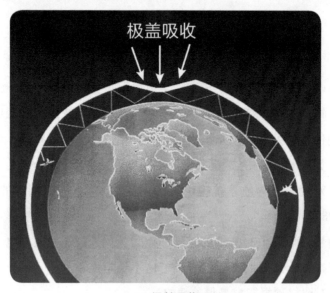

▲ 极盖吸收

空间天气与输电系统

磁暴影响输电系统的原因

恶劣的空间天气可对地面的输电系统、电信和油气管线产生影响。例如，太阳爆发时，高速太阳风等离子体流与磁层相互作用，使环电流及极光电集流强度大增，引起地磁场的强烈扰动——磁暴和亚暴。地磁场的剧烈变化在地表面感应产生电位差，称为地球表面电位（ESP），这个电位差可达 20 伏 / 千米。ESP 作为一个电压源加到电力系统 Y 型连接的接地中线之间，产生地磁感应电流（GIC）。与 50 赫兹交流电相比，GIC 可看作是直流电，这个直流电流作为变压器的偏置电流，使变压器产生半波饱和，严重的半波饱和会产生很大的热量，使变压器受损甚至烧毁。近年来最引人注目的磁暴损坏输电系统的事件发生在 1989 年 3 月。一个强磁暴使加拿大魁北克的一个巨大电力系统损坏，600 万居民停电达 9 小时，光电力损失就达 2000 万千瓦，直接经济损失约 5 亿美元。在这次事件中，美国的损失虽小，但也达到了 2500 万美元。据美国科学家估计，此事件若发生在美国东北部，直接经济损失可达 30亿~60亿美元。

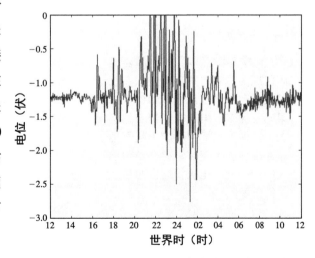

▲ 由地磁场变化引起的长输电电缆上的电压起伏

71

磁暴期间由地磁场变化产生的电场对地下的油气管线也有直接影响，但这种影响不像对电力系统的影响那样快，多次磁扰动的积累作用才会产生明显的效应。因此，长期以来这个问题没有引起人们的重视。但是，这种效应所造成的经济损失是相当大的。

保持地下管线正常运行的关键因素是防止钢管的腐蚀。如果保持管线与大地之间有至少850毫伏的电位差，则腐蚀效应可减小。通常采取的办法是在管线与大地之间加一个直流电压，管线接负极。因此，这种办法称为阴极防护。对管线电位定期监测，可保证管线处于合适的电位。然而，在磁扰期间，观测到的管线电位变化在要求的850～1150毫伏范围之外，因此将发生腐蚀作用。多次腐蚀作用的积累将对管线产生严重危害。

影响输电系统的几个因素

1 纬度

越靠近磁极，越接近极光电集流区，则效应越明显。

2 磁暴的强度

太阳暴越大，磁暴越强，极光电集流向赤道移动，电集流的增强幅度越大。

3 地球的大地电导率

低电导率区域，如火成岩地质区域更易受影响。火成岩在北美大多数地区都是很普遍的。如果电站建在低电导率的岩石地层上，任何地磁扰动都能引起局地感应电压的大变化，进一步引起大的地磁感应电流，增大对变压器的损害。

4 输电线的走向

输电线的走向影响感应电流。地球表面电位梯度在东西方向大，因此，东西走向的输电线比南北向的更容易受到影响。

5 电网的结构

导线和变压器绕组的直流电阻、变压器的构造、电站地线的接地方法等都能影响输电系统的受损程度。

空间天气的其他效应

对航天员的影响

太阳爆发产生的高能粒子辐射也会危及航天员的生命安全。在太阳耀斑期间，空间粒子辐射量可达到正常情况的上百倍。在美国亚特兰蒂斯号航天飞机发射伽利略卫星期间，航天员的眼睛就感觉到高能粒子轰击所引起的闪光，这是由于能量粒子穿过视网神经造成的，直到质子事件过去，这种情况才减退。如果这期间在舱外活动，航天员将受到致命的辐射危害。

对极区航线飞行的影响

在立体几何中有这样一个定理：在球的表面上，两点之间的最短距离就是经过这两点的大圆在这两点间的一段劣弧的长度。由于地球是一个近似球体，所以，在任意两地之间，我们都可以做出一条大圆航线，此航线为两地最短航线。对于处于同一半球的两地，大圆航线将会通过极区，选用穿越极区的飞行航线的飞行就是极区飞行。从北美洲到亚洲，跨越极区飞行可缩短航线，降低成本。极区航线相比普通航线来说，距离的缩短是明显的。根据一篇报告，从北京飞往纽约，如果采用正东方向的越洋航线，需要飞 14370 多千米；如果进入北极圈，采用北纬 84° 的极区航线，只需飞 10970 多千米，缩短了 3400 千米（30% 路程）（《FANS 航线和最短航线算法问题》）。理论上说，在这种情况下，我们考虑到燃料以及飞行时间（效率）的问题，应该优先考虑跨极区的飞行。因此，冷战结束后，人们就开辟了极区航线。在过去的十年内，又开辟了几条新的极区航线。

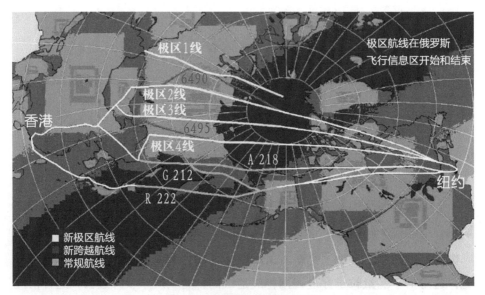

▲ 北美洲到亚洲的极区航线

但是由于极区航线要跨越极区，鉴于极区复杂的空间天气环境，电离层对极区通信和飞行人员以及乘客造成了一定的影响。

从通信的角度看，当太阳发生大的耀斑或日冕物质抛射时，大量带电粒子沉降在极区，产生强烈的极光活动，极区电离层的电子密度发生很大变化，影响电磁波在电离层中的传播，这种情况会导致通信异常甚至通信中断。

从辐射效应方面看，根据有关研究结果，在同一高度上飞行，极区受到的辐射剂量明显高于赤道和低纬地区，因此，当太阳活动和地磁活动加强时，高能粒子可能对飞行机组人员和乘客造成不可避免的辐射损伤。

2003 年的十月风暴对极区飞行的影响也是严重的，虽然难以准确评估损失，但粗略估算至少在几百万美元。

在十月风暴初始（10 月 19—23 日），由于发生中等强度的耀斑，X 射线辐射增强，使高频通信信号衰减。10 月 19 日发生 X1 耀斑，地面的所有高频通信衰减 2 个小时以上。为此，三次极区飞行不得不更改航线，从极区 3 线变为极区 4 线。这一变化需增加 26600 磅燃油，并减少 16500 磅货运量。10 月 24 日发生磁暴，高纬通信严重衰减。

磁暴的生物学效应

地磁变化与人类健康之间的关系一直是一个重要话题，也是一个颇具争议的话题。许多媒体发布了调查报告，论证地磁活动与人类各种疾病、心理健康等的关系。这些报告不是登载于小报上，而是登载于英国《新科学家》这类著名刊物之上，甚至很多的学术期刊之上。但这些刊物同样也登载了许多相反意见。目前提及的地磁变化与人类健康间的关系主要有以下方面。

1. 地磁变化对人体心血管健康的影响

2004 年的一份报告显示，动脉血压随地磁活动水平的升高而大幅增加，研究人员发现收缩压和舒张压从磁暴前日到磁暴后的第二天显著增加。

1982 年的一份调查显示，地磁场及地磁暴与缺血性心脏病的死亡人数是正相关。

2. 地磁变化与抑郁症

有几份报告涉及地磁活动增加与抑郁症的关系。20 世纪 60 年代初提供的报告显示，4 年间纽约两所精神病医院每月住院病人数与地磁活动是正相关。

2002 年的一份调查结果表明，大部分人的心理状态在秋分和春分期间，不论其健康状态如何，对地磁变化都可能是敏感的，这些变化对自信心和工作能力有直接的影响。

3. 地磁变化与自杀

这类报告似乎有点儿离谱，但确实有不少人进行了这类调查。一位研究人员在 2003 年发现，在 1980 年 1 月至 1992 年 12 月期间，南非的自杀率与当地平均磁暴活动是相关的，其相关性女性比男性高。

一位学者观察了 1948—1997 年的地磁活动，发现地磁活动高峰与俄罗斯北部城市基洛夫斯克自杀的高峰匹配。这位学者承认，像这样的相关性并不一定意味着存在因果关系，但他指出，有一些研究表明人类健康与地磁学之间有联系。

4. 地磁变化对孕妇生男生女的影响

据俄罗斯《化学与生活》杂志报道，俄罗斯卫生部 X 射线放射学研究所的专家，对 1914 年至 1979 年在圣彼得堡市及其所在州生活过的孕妇进行了调查，并随机调阅了 600 多名孕妇的资料，确定了其开始怀孕的日期。与此同时，研究人员还提取了这些孕妇开始怀孕那天及其前后一段时间的地磁强度和方向记录。分析结果显示，在磁暴强度较大、地磁强度和方向变化剧烈的日子怀孕的女性，其生出的女孩与男孩的比例为 3：2。

5. 某些疾病与地磁纬度的关系

医学上发现，人类的某些疾病与地球的磁纬度也有一定的关系。例如，猩红热多数发生在北纬 30°～60° 和南纬 10°～40° 范围之内，而且发病率与地磁的变化有关。在一些地磁异常的地方，患高血压、风湿性关节炎的人数，要比地磁场正常的地区高 120%～160%，这充分说明地磁场与某些疾病相关。

对于地磁变化影响人类健康的机制，目前也提出了许多理论。一种理论认为人体的各部分都有水，水在地磁场中会发生物理化学变化。这样，当地磁场变化后，自然影响到水，也就使人体功能发生变化，引起某些疾病。

有的学者认为，人的各种器官也是有磁场的，即使地磁场发生微弱变化，也会引起头脑、血液等周围的磁场发生变化，导致机体功能受影响，从而有可能引发疾病。还有学者认为，人是处在不同生态环境之中，因此，人的每个器官都带有当地地磁生态的烙印。当地磁变化后，人就会出现生理反常，产生反应，引起疾病。还有人提出生物膜理论以及其他不同的解释，但这些解释都不能使人满意。

地磁场到底是如何对人体，特别是对人的大脑活动、生理活动产生影响的，迄今尚无科学的解释。

6. 人体磁场的强度

人体磁场属于生物磁场的范畴，其来源有可能有以下三方面：

● 由生物电流产生。人体生命活动的氧化还原反应是不断进行的，在这些生化反应中，发生电子的传递，而电子的转移或离子的移动均可形成电流，称为生物电流。人体脏器（如心、脑、肌肉等）都有规律性的生物电流流动。心磁场、脑磁场、神经磁场、肌磁场等都属于这一类磁场。

● 由生物磁性物质产生的感应场。人体活组织内某些物质具有一定的磁性，如肝、脾内含有较多的铁质就具有磁性，它们在地磁场或其他外界磁场作用下产生感应场。

● 外源性磁性物质可产生剩余磁场。由于职业或环境原因，某些具有强磁性的物质（如含铁尘埃、磁铁矿粉末）可通过呼吸道、食道进入体内，这些物质在地磁场或外界磁场作用下被磁化，产生剩余磁场。

人体生物磁场强度很弱，根据目前的测量结果，人脑磁场约为 10^{-12} 特，心脏磁场不到 10^{-10} 特。

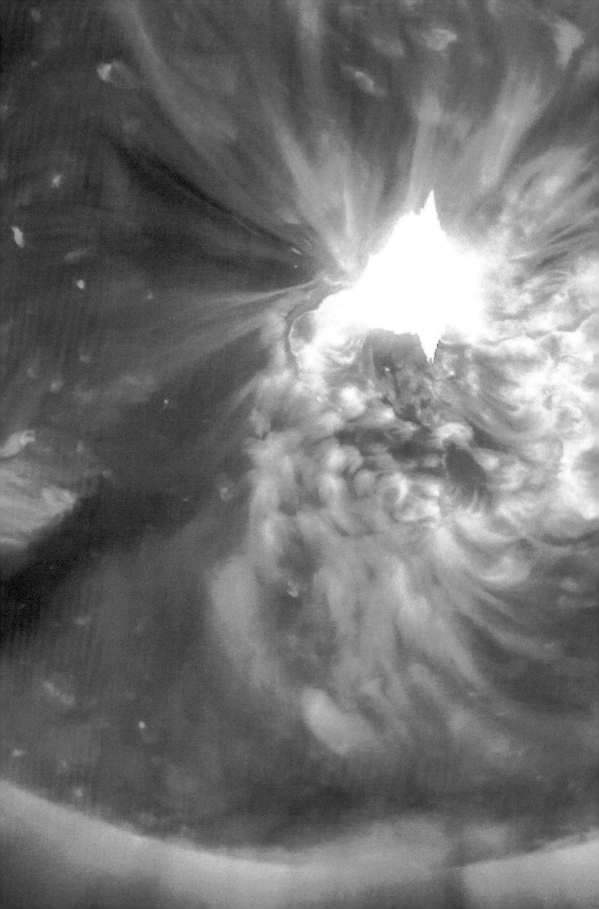

第4章

空间天气事件100例

虽然空间天气的概念直到20世纪90年代才明确提出，但人们对空间天气的记录与研究却早已有之，随着科技的进步，人类对空间天气的认识也越来越系统、完善。

本章以实例的形式，再现150年以来地球空间的"惊涛骇浪，狂风骤雨"，看看接二连三的太阳活动，是如何影响我们的地球的。

本页图为太阳耀斑，强度达到X1.4级。

电报与极光的时代

从 1859 年记录到磁暴，到 20 世纪 40 年代，人类使用的通信工具主要是电报。因此，在这段历史时期内，人们主要关注的现象是极光出现时电报业务发生异常的情况，但在当时人们还无法解释二者之间的联系。

1. 历史上记录最早的磁暴

1859 年 9 月 1 日和 2 日，发生了人类有记录以来的第一个磁暴，全球各地都看见了极光。值得一提的是在加勒比地区都看到了非常明亮的极光，以致洛杉矶当地金矿的矿工都被惊醒，以为是早晨来临了，开始准备早餐。加拿大各个电报站间的通信完全中断，纽约、华盛顿等城市也出现了类似现象。有的电报塔架发出火花，电报纸也都自发性地着火。尽管电源供应是关闭的，但有些电报系统似乎继续发送和接收邮件。

借助现代人类对空间天气知识的了解，可以分析这次事件的来龙去脉。1859 年，太阳正处于一个活动高峰，不稳定的太阳内部随时会有爆发现象。从 1859 年 8 月 28 日直到 9 月 2 日，观测到太阳上有大量的太阳黑子和闪焰，就在 9 月 1 日的中午之前，英国的一位天文爱好者理查·卡林顿观测到一个最大的闪焰，它造成的大质量的日冕物质抛射经过 17.5 小时抵达地球。由于地球电离层主要是依靠太阳的远紫外线和 X 射线辐射而产生电子，当太阳耀斑爆发使辐射能量出现数十甚至数百倍的增加时，电离层中原有的电离平衡被打破，大量的中性大气被电离而加入带电粒子的行列，使得电离层，尤其是低电离层（如 D 区）的电子浓度急剧增加，致使原本可以穿过低电离层而进入中高电离层区域（E、F 区）进行反射通信的高频电磁波遭

80

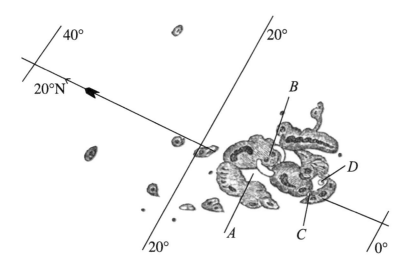

▲ 太阳黑子的大小和分布

受到强烈的吸收，甚至传播中断。这样，处于太阳直接照耀下的北美地区就出现了电报业务中断，这就是耀斑期间产生的电离层骚扰现象。上图是这次事件中太阳黑子的情况，A 和 B 标出了强的明亮事件初始的位置，5 分钟后移到 C 和 D。

2. 南北战争极光

　　弗雷德里克斯堡之役是美国南北战争中期（1862 年末）的一场重要战役，场面浩大，参与将士达十八万人，为期 5 天（12 月 11 日至 12 月 15 日）。由北军将领约书亚·罗伦斯·张伯伦率领的缅因州第二十自愿步兵团与其他北军一样，没法越过荒地冲破南军的阵线，但他们花了一整天以战地上的尸首作掩护，与南军对峙。当晚，天空出现了在弗吉尼亚州极为罕见的极光。弗吉尼亚州位于北纬 38°，通常是看不到极光的。可是在 1862 年 12 月 14 日夜间，士兵看到了从来没有见过的极光。一个目击者这样描述极光："整个天空是微红色的，就像是一场大火，但镶嵌着奇特的、暗淡的射线。"

3. 华盛顿看见的北极光

　　根据《纽约时报》报道，1870 年 10 月 14 日夜晚，在华盛顿出现了壮丽

的极光,整个天空充满了深红色的光辉,持续了几分钟。

4. 在克利夫兰看到的极光

1870年10月24日,在美国克利夫兰市看到了色彩斑斓的极光,而且持续了2天。克利夫兰位于北纬41°,一般情况下不可能看到极光。此次强极光的发生,标志着发生了强烈的太阳活动和地磁活动。

5. 在巴黎看到的极光

1872年2月4日至5日,位于北纬48°~51°的巴黎看到了极光。

6. 影响多个城市电报业务的极光活动

1877年5月28日,在纽约观测到一个拱形的极光,接着它显示了幕布状、波状和射线状的变化。直到晚上10点,极光才变弱。波士顿、巴尔的摩和华盛顿的电报业务都受到了影响。

7. 电报受扰

1880年8月12日上午9点稍后,位于北纬41°的美国哈特福德市的电报机受到干扰,当取下电池后,电报机仍然可以与波士顿进行收发报,到11点,工作恢复正常。当时没有看到极光。

8. 金星凌日暴

1882年11月18日发生的大磁暴也称金星凌日暴。在这次大磁暴期间,美国东北和中东部地区的电报传输全都中断。

9. 异常美丽的极光

1892年2月13日,在美国的一些地区观测到了"异常美丽的极光",从衣阿华州延伸到大西洋海岸。在克利夫兰、路易维尔(肯塔基州)、底特律和密尔沃基(威斯康星州)都观测到了极光。这个极光被看作城市焰火。

10. 白日极光

1898年9月10日,芝加哥的电报线因白日极光的影响而无法使用。

11. 电报系统受到影响

1903 年 11 月 1 日，太阳出现黑子，在地球高纬出现极光，许多地区的电报业务受到干扰。

12. 电报线出现电扰动

1905 年 3 月 2 日，从芝加哥到衣阿华州的苏城的电报线受到影响，当时有极光活动。

13. 华盛顿看到极光

1908 年 9 月 12 日，在华盛顿就可以看到极光。

14. 全美电报线受到影响

1909 年 9 月 25 日，美国全境电报线受到影响，某些电报线上加载了 500 伏的电压。当时出现了极光和磁暴。

15. 德国的通信遇到问题

1915 年 5 月 24 日，德国的通信受到严重干扰，当时有强的极光活动。

16. 美国东部地区电报受极光影响

1915 年 6 月 17 日，美国东部地区的电报因极光活动而受到影响。

17. 向电报线供电的马达运行异常

1918 年 3 月 9 日，从纽约到布法罗的电报线受到扰动，向电报线供电的马达运行异常，人们无法解释发生在大气层中的电流为什么会影响马达。

18. 沿大西洋海岸线的电报中断

1919 年 8 月 11 日，沿大西洋海岸线的电报中断，一些科学家认为是由于大气层中的电流增强引起的。

19. 美国电话和电报服务受扰

1920 年 3 月 22 日，美国的电话和电报服务受到干扰，大西洋电缆的流

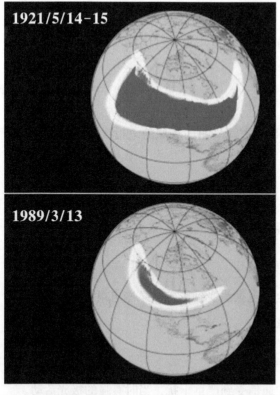

1921/5/14-15

1989/3/13

▲ 历史上两个大磁暴期间地球表面磁场水平分量变化大的区域

量从每天 30 个信息减少到 1 个。在亚特兰大（北纬 33°）就可以看到极光。

20. 纽约铁路暴

1921 年 5 月 13 日所发生的大磁暴，也称纽约铁路暴。这个磁暴可与 1859 年的大磁暴相比。磁暴起始于一个 94000～21000 英里的大黑子。5 月 15 日，纽约中心铁路信号系统无法使用。磁暴还引起火灾，烧毁了中心新英格兰火车站。分析原因，这些事故可能是地电流造成的。

21. 极光的出现中断了通信业务

1926 年 1 月 26 日，由于发生极光活动，整个美国的通信业务中断。

22. 芝加哥出现彩色的夜空

1926 年 4 月 15 日，美国芝加哥出现彩色的夜空，通信业务受到影响。

23. 磁暴席卷美国东北部和加拿大

1926 年 10 月 16 日，磁暴席卷了美国东北部和加拿大，在伦敦和纽约之间的商务通信被延误，直到下午才完成。

24. 电报和短波无线电业务中断

1936 年 6 月 10 日，美国一些地区的电报和短波无线电业务因电扰动而中断。

25. 严重磁暴持续 4 天

1937 年 4 月 27 日, 一个大磁暴持续了 4 天。这个磁暴与太阳的大黑子相关。但厚重的云使人们无法在美国东部看到极光。

26. 法蒂玛磁暴

1938 年 1 月 25 日发生了著名的法蒂玛磁暴。整个欧洲甚至美国的南加利福尼亚州都可以看到极光,无线电系统和铁路服务中断。这个现象被认为是法蒂玛预言之一。

▲ 目击者描述的法蒂玛磁暴

27. 东部周日暴

1940 年 3 月 25 日发生了一次被称为"东部周日暴"的大磁暴,在几个小时的时间内,美国的所有长距离通信都中断,美国达科他和加拿大温尼伯之间的电话电缆受到损坏。在 24 日夜间,观测到中等程度的极光。这个磁暴被确定为全球有记录以来的第 19 大磁暴。

28. 强磁暴的电离层记录

1941 年 3 月 1 日发生了一次大磁暴,这个磁暴被列为有记录以来的第 8 大磁暴。

电离层扰动的起始伴随着 E 层和 F 层电离增强的发展。在世界时 6 点 15 分,这个区域的实际高度为 160 千米。到 6 点 30 分,最大电子密度增加了 3

倍，实际高度降低到 130 千米。9 点 45 分，记录到在 400 千米高度弱的、高度散射的回波。从 13 点到 13 点半，E 层的最大电子密度接近正常，但 F 层的最大电子密度是正常值的 1.5 倍。20 点以后，电离层状态恢复到正常值。

29. 太阳黑子抑制了短波通信

1941 年 7 月 6 日，太阳出现黑子，之后无线电广播受到抑制；7 月 8 日，美国到欧洲的短波通信受到影响，磁暴扰乱了通信线路。这个磁暴是有记录以来第 7 大磁暴。

30. 季后赛暴

1941 年 9 月 18 日，美国的布鲁克林道奇队和匹茨堡海盗队正在进行棒球比赛时，电台解说因发生磁暴而中断，引起球迷骚乱，这个磁暴称为"季后赛暴"，是一个相当大的磁暴。

31. 无线电信号中断

1946 年 2 月 3 日，许多地区的无线电接收出现问题，电报业务受到干扰，第二天，太阳黑子引起无线电信号几乎完全中断。

32. 长距离无线电通信中断

1946 年 3 月 24 日，美国纽约和加拿大观测到近 10 年来最壮观的极光，长距离无线电通信中断，许多航班延迟。

33. 朝鲜战争新闻中断

1950 年 8 月 18—20 日发生了大磁暴，到 8 月 20 日，发往美国、欧洲、日本和南美洲的有关朝鲜战争的新闻中断。

34. 阿克隆潜艇暴

1956 年 2 月 24 日，太阳发生大的耀斑，导致英国的阿克隆潜艇与基地失联 4 小时，因此将这期间的太阳爆发称为"阿克隆潜艇暴"。

进入太空时代

在人类进入太空时代以前，受空间天气影响的技术系统主要是电报和电话。1957 年 10 月 4 日，第一颗人造卫星发射升空，标志着人类开始迈入太空时代。航天技术和卫星通信技术等高技术系统，使人类的社会生活发生了巨大的变化，但这些系统有一个弱点，就是直接受空间天气的影响。因此，进入太空时代以后的灾害性空间天气事件，多侧重于高技术系统。

1. 磁暴导致通信中断

1958 年 2 月 10 日，一个大磁暴引起 TAT-1 跨洋电缆中断。在美国明尼苏达州的电力系统中，出现异乎寻常的电流。在洛杉矶、波士顿和西雅图等地可以看到极光。在加拿大纽芬兰的电报线上电压超过 320 伏。在欧洲，极光如此之强，以至于人们怀疑发生了大火和战争。

2. 极光秀

1960 年 11 月 13 日，太阳耀斑使得北美洲看到一场"极光秀"。同时在跨洋电缆上出现了电流扰动，瑞典电力系统的 30 线断路器出现故障。

3. 太空时代大磁暴

1972 年 8 月 2 日发生的磁暴被称为"太空时代的大磁暴"。太阳活动区 331 在 15 个小时内发生了 3 次大的耀斑，强度为 X2。第二天，先驱者 9 号探测器在 11 点 24 分探测到来自第一个耀斑产生的激波，伴随着太阳风速度从每秒 350 千米到 585 千米的跳变。在 8 月 4 日 4 点，从伊利诺伊州到科罗拉多州同时看到极光；在 22 点半，美国电话电报公司报告在他们从芝加哥到内布拉

斯加的海岸电话电缆上有 60 伏的电压浪涌。许多地区都出现了通信异常现象。

4. 天空实验室提前坠毁

1973 年 5 月 14 日，美国发射了天空实验室（Skylab）。1974 年，科研人员根据当时情况，预计太阳活动第 21 周从 1977 年开始，预计天空实验室在作载人飞行后有可能在轨道上运行近 9 年，估计它在 1983 年末陨落。实际

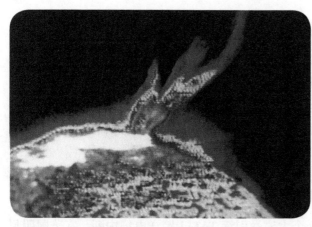

上太阳活动第 21 周提前了，太阳黑子数急剧上升，从 1977 年末开始，大气密度对空间站的阻力增加了 6 倍，轨道衰变比预计的快得多，虽然 NASA 采取了一系列措施，但天空实验室还是提前在 1979 年 7 月 11 日坠毁了。

▲ 天空实验室记录的太阳日珥

5. 太阳峰年卫星提前陨落

太阳峰年（Solar Maximum Mission，SMM）卫星是 1980 年 2 月 14 日发射的，目的是观测太阳活动峰年期间的太阳爆发性事件，特别是太阳耀斑。SMM 在运行期间，曾观测到 12000 多个耀斑和 1200 多个日冕物质抛射事件。在一次强磁暴开始时，SMM 的高度下降了 0.5 千米，整个磁暴期间共下降了 4.8 千米，导致 SMM 卫星提前在 1989 年 12 月 2 日陨落。

▲ 太阳峰年卫星

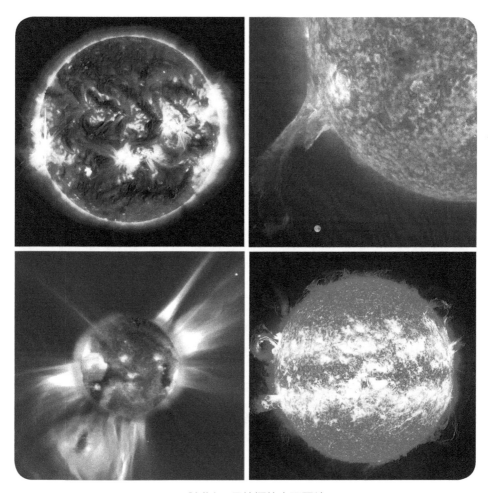

▲ SMM 卫星拍摄的太阳图片

美国的挑战者号航天飞机曾试图捕获 SMM 卫星并进行在轨修理，但没有成功。

6. 哥伦比亚号航天飞机遇险

1981 年 4 月 12 日美国哥伦比亚号航天飞机第一次飞行时，正遇到两日之前太阳大耀斑引起的大磁暴，发射时间在磁暴开始后 15 小时，来自太阳和磁层的带电粒子注入大气，使高层大气温度由 1200 开剧增至 2200 开，大气密度也出现数量级的增加，航天飞机下降到较低轨道的时间比预计的快 60%，幸好带有足够的燃料和及时采取措施，才避免了一场灾难。如果当时能认识

到高层大气环境及其预报对航天飞行的重要性，就可以推迟发射时间。

7. GOES-4 卫星仪器失效

1982 年 11 月 26 日，美国的地球同步轨道环境业务卫星 GOES-4 的可见光与红外自旋扫描辐射计失效 45 分钟，原因是太阳耀斑发生后，高能质子撞击了仪器。

8. 加拿大魁北克电力系统崩溃

1989 年 3 月 13 日，加拿大魁北克省所在地区在一次大磁暴的作用下，输电系统崩溃，600 万居民停电达 9 小时，光是电力损失就达 2000 万千瓦，直接经济损失约 5 亿美元。

9. 美国盟军高频通信中断

在 1991 年 1 月到 3 月的沙漠风暴行动期间，美国盟军的高频通信偶然中断，分析原因，是由电离层闪烁引起的。

10. 磁暴导致变压器损毁

1991 年 4 月 29 日，美国缅因扬基核电站的一个变压器在持续几小时的大磁暴影响下失效。

11. 卫星与碎片相撞

1991 年 12 月底，俄罗斯一颗失效卫星——宇宙 1934 号撞上了该国另一颗卫星——宇宙 926 号，释放出来的大碎片，前者一分为二，后者零碎到无法跟踪。

12. 卫星失效

1994 年 1 月 20 日，磁暴撞击了加拿大的两颗通信卫星 ANIK-E1 和 ANIK-E2。ANIK-E1 的动量轮控制系统失效，大约 1 小时以后，ANIK-E2 卫星相同的子系统也失效。动量轮是卫星高度控制系统的一部分。大约 7 小时后，ANIK-E1 的备份子系统成功启动，但 ANIK-E2 的备份子系统没能工作。一直到 1994 年 8 月，ANIK-E2 卫星用改进的高度控制方式才恢复工作，

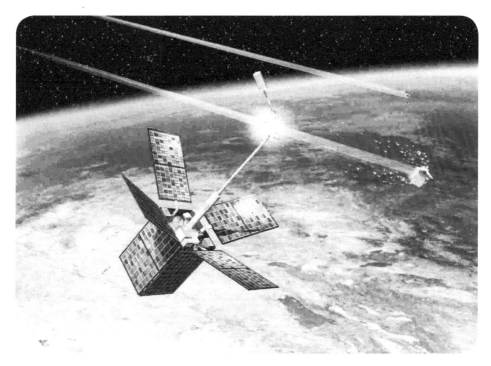

▲ 法国侦察卫星受到碎片撞击

使用的方法是脉冲点火姿态保持推进器。从 1 月 4 日开始,电子流量下降,并持续到 1 月 12 日。接着是电子流量突然增加,持续到 1 月 19 日。电子流量异常发生在 1 月 20 日。

13. 卫星受碎片撞击

1996 年 7 月 24 日,一块欧洲"阿丽亚娜"火箭的残骸,以每秒 14 千米的相对速度撞断了法国一颗正在工作的电子侦察卫星的重力梯度稳定杆,后者翻滚失效。

14. 通信卫星失效

1997 年 1 月 11 日,日冕物质抛射轰击了地球磁层,使美国的一颗地球同步轨道通信卫星 TELSTAR-401 完全报废。在卫星失效之前的 15 天,电子的日平均流量为 $2.1 \times 10^5 / (cm^2 \cdot sr)$。电子日流量峰在失效之前一天(1997 年 1 月 10 日),数值为 $2.0 \times 10^8 / (cm^2 \cdot sr)$。

15. 火箭燃料箱再入地面

体积较大的空间碎片会对人类构成威胁。1997 年 1 月 22 日，一艘火箭的燃料储罐再入大气层时没有完全烧毁，陨落在美国的得克萨斯州；1978 年 1 月 24 日，苏联带有核动力的雷达卫星在加拿大西北上空解体，500 多块带有放射性的碎片，散落在 800 千米长的地带上，造成极为严重的后果。

16. 银河 4 号卫星失效

1998 年 4—5 月，太阳风暴导致美国银河 4 号地球同步轨道通信卫星失效，影响到 4500 万通信客户。

17. GOES-8 暂时停止工作

1998 年 10 月 27 日，美国气象卫星 GOES-8 暂时停止工作，原因是高度控制系统出现异常。

2000 年以来

2000 年以来，各国加大了对空间天气事件观测和研究的力度，使人们对太阳表面发生了什么爆发性活动，这些活动引起了哪些类型的地球空间暴，地球空间暴对人类的航天事业、高技术系统产生了哪些效应，都有了更加全面、深入的认识。

1. 小黑子，大耀斑

2000 年 2 月 7 日，在太阳的东北临边发生一个大耀斑，不久就发生了日冕物质抛射，如下图所示，左图左上角明亮处是耀斑，右面两张图显示了日冕物质抛射。这次发生的耀斑属于 X 型，为大耀斑，但耀斑发生的地方并不是大黑子所在处，而是位于一个小黑子所在的位置。

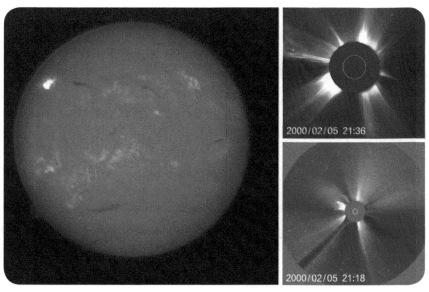

▲ 小黑子，大耀斑

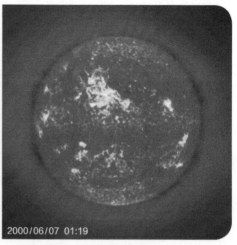

▲ 2000 年 6 月 6 日发生的 CME 和 7 日发生的耀斑

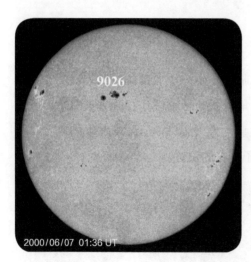

▲ 太阳黑子 9026

2. 全晕日冕物质抛射事件

2000 年 6 月 6 日，SOHO 飞船观测到全晕日冕物质抛射事件，速度至少为 908 千米 / 秒。在 CME 事件发生后，在太阳黑子 9026 附近发生了大耀斑。这种类型的 CME 肯定会飞向地球，因此对地球空间环境将产生扰动。

3. 大耀斑触发辐射暴

2000 年 7 月 14 日，在太阳 9077 黑子群区发生了大耀斑，能量粒子 15 分钟后到达地球。

4. 高级宇宙与天体物理学卫星 ASCA 异常

在 2000 年 7 月 14 日开始的质子事件和磁暴期间，日本 ASCA 卫星的太阳能电池阵不能指向太阳，失去动力，无法工作，最终在 2001 年 3 月 2 日坠毁于大气层。

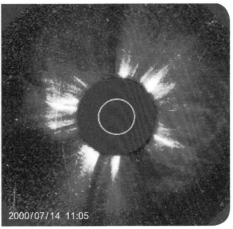

▲ 2000 年 7 月 14 日的大耀斑及日冕物质抛射

5. GOES-8 与 GOES-10 卫星操作异常

在 2000 年 7 月 14 日开始的太阳爆发性活动期间，GOES-8 与 GOES-10 卫星上的电子传感器和太阳能电池板都出现了问题。

6. 高级成分探测器（ACE）操作异常

在 2000 年 7 月 14 日开始的太阳爆发性活动期间，ACE 上的太阳风传感器和其他探测仪器都出现了操作异常。

7. 太阳风飞船操作异常

在 2000 年 7 月 14 日开始的太阳爆发性活动期间，太阳风（WIND）飞船的发射机的能力降低了 25%，太阳与恒星传感器暂时失去功能。

8. 黑子、耀斑和 CME

2001 年 3 月 29 日，在一个大黑子区发生了一个大耀斑，接着发生了指向地球的日冕物质抛射和能量粒子事件。

9. X20 级的大耀斑

2001 年 4 月 2 日，在活动区 9393 发生了一个 X20 级的大耀斑，是第 23 太阳活动周并列第一的大耀斑。

▲ 2001 年 3 月 29 日的黑子、耀斑和 CME

　　2001 年 4 月 1 日 9 时 07 分左右，中国和美国的战斗机发生了空中碰撞。自 4 月 1 日至 4 月 13 日，共发生多次太阳爆发事件，在我国境内造成了严重的电离层扰动。其中 4 月 3 日中午、4 月 10 日下午和 4 月 12 日全天的电离层扰动对通信系统的威胁非常严重，对我军寻找失踪飞行员的通信联络工作造成严重威胁。

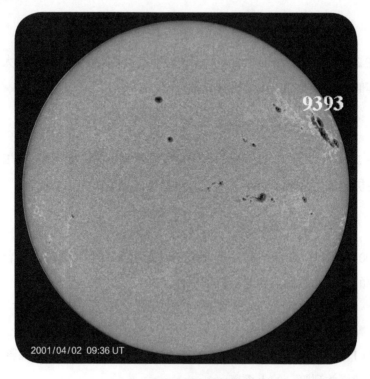

▲ 黑子 9393 的结构

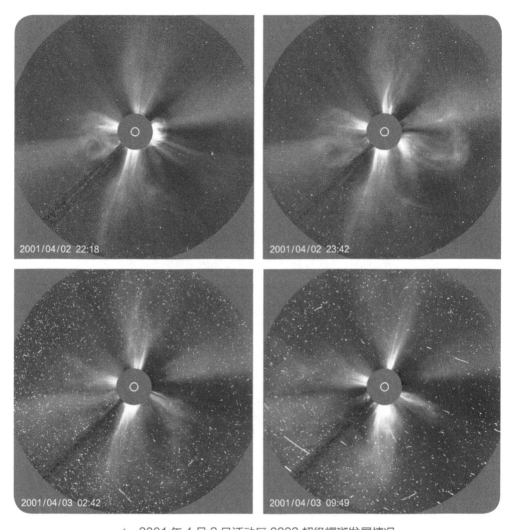

▲ 2001 年 4 月 2 日活动区 9393 超级耀斑发展情况

10. X5.6 耀斑

2001 年 4 月 6 日，在 9393 黑子区又发生一次 X5.6 级的大耀斑。

11. 大耀斑、撞击地球的 CME

2001 年 4 月 10 日，在活动区 9415 发生了一次 X2.3 级耀斑并伴随撞击地球的 CME。接着产生了相当强的地磁效应。

▲ 2001 年 4 月 6 日 9393 黑子区耀斑及黑子区

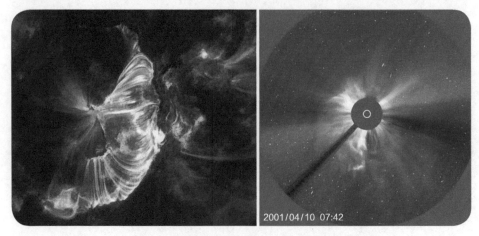

▲ 2001 年 4 月 10 日活动区 9415 耀斑环及 CME

12. 伴随 CME 的大耀斑

2001 年 4 月 12 日，在活动区 9415 产生了一个 X2 级耀斑并伴随着 CME。

13. 大耀斑与质子事件

2001 年 4 月 15 日，太阳发生了 X14.5 级的大耀斑并伴随着质子事件。这次事件中，带电粒子已经撞击到摄像机的 CCD（电荷耦合器件）图像传感器上。

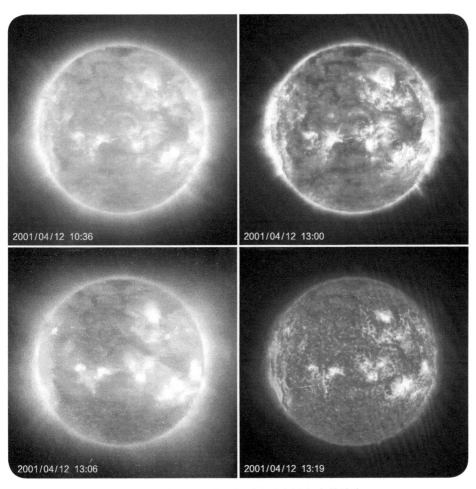

▲ 2001 年 4 月 12 日活动区 9415 耀斑的演变

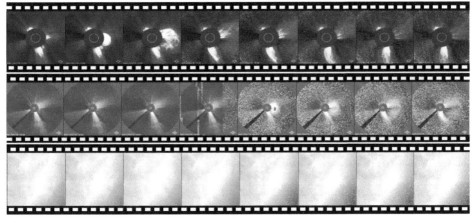

▲ 2001 年 4 月 15 日耀斑的演变，中间一行右侧有"雪花"的 5 张图，说明带
电粒子已经撞击到摄像机的 CCD 图像传感器上。

14. CME、耀斑和粒子事件

2001 年 9 月 24 日 9 点 36 分（世界时），发生一次大的 CME。紧接着，在 10 点 38 分发生了 X2.6 级的耀斑。12 点，发生了太阳能量粒子事件。

15. 喷火的 CME

2002 年 1 月 4 日，太阳发出的 CME 有点像喷火。

16. 日本希望号火星探测器失效

2002 年 4 月 21 日，日本希望号火星探测器受到大的太阳能量粒子的撞击，出现大故障，在 2003 年 12 月被迫放弃。

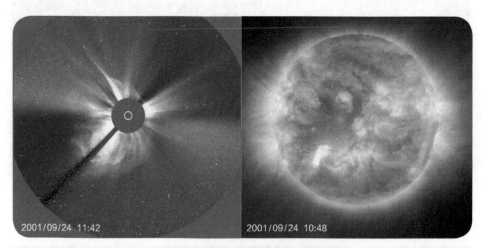

▲ 2001 年 9 月 24 日的 CME 和耀斑

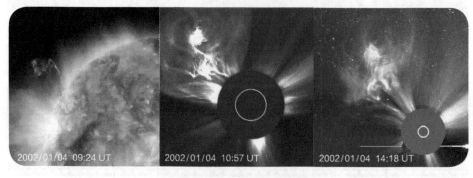

▲ 2002 年 1 月 4 日喷火的 CME

17. 9906 大黑子

9906 大黑子的内部是扭曲的磁场，这个区域在 2002 年 4 月 21 日发生一个 X1 级耀斑和一次日冕物质抛射。

18. X3 级大耀斑

2002 年 7 月 12 日，在活动区 10030 产生一个 X3 级大耀斑。

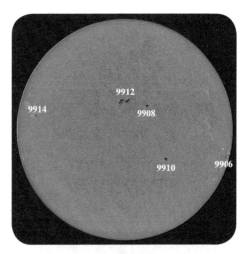

▲ 即将在正面消失的黑子 9906 处
产生了大耀斑

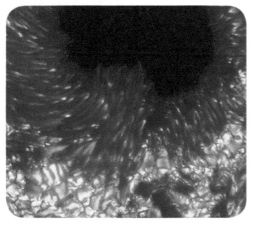

▲ 活动区 10030

▲ 2002 年 7 月 12 日 X3 级耀斑

19. 黑子 10484 启动了十月风暴

2003 年 10 月上旬，太阳活动非常平静，不必说在地面看不到太阳表面有黑子，就是专门观测太阳的飞船，也只看到少量黑点。此时，人们似乎可以得到这样的结论，第 23 个太阳黑子周就此平静结束了。得出这样的结论也不无道理，它起始于 1996 年 5 月，2000 年 4 月达到峰值 120.8。2003 年 10 月已是本活动周的第 42 个月，说它将平静地结束顺理成章。但出人意料的是，这种平静没维持很久，从 10 月 18 日开始，太阳表面黑子数迅速增加，19 日

为 91 个，22 日达到 144 个。在 10 月 19 日，接近太阳东北临边的 10484 号黑子快速增长，尺度大约是地球直径的 7 倍。就是在这个黑子区，发生了一次 X 级耀斑。从 10 月 19 日到 11 月 5 日，太阳发生了 17 次大耀斑，包括由 GOESXRS 仪器在 11 月 4 日观测到的巨大的 X28 耀斑，许多耀斑伴随着辐射暴。在 20 天时间内的 12 天观测到磁暴，在 10 月 29 和 30 日观测到的两个磁暴达到了 G5。NOAA 对大多数活动做了预报，在这次爆发的 60 天内，发布了两次太阳能量粒子事件警报。当 10 年来最大的黑子群出现时，NOAA 空间环境中心（SEC）进行了 250 多次太阳能量粒子事件观测、预警和警报。

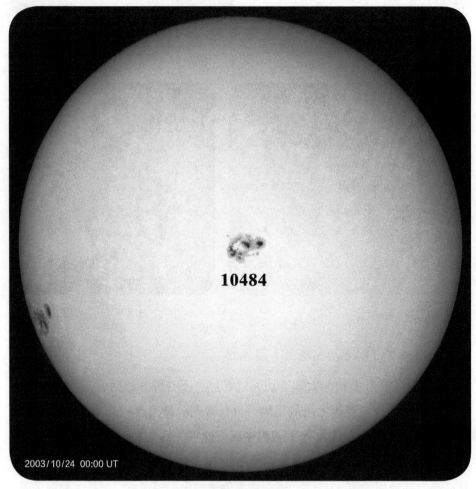

▲ 太阳黑子 10484

20. 黑子群中多次爆发

在十月风暴中，几次大的爆发性活动都发生在黑子群所处区域。

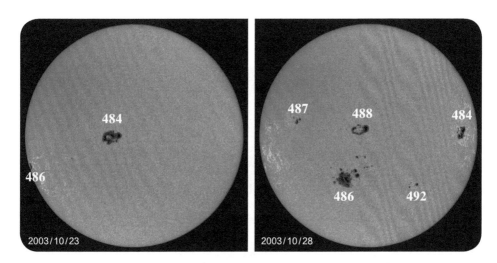

▲ 十月风暴中黑子群的演化

21. 大耀斑伴随质子事件

2003 年 10 月 28 日，在活动区 486 发生了一个 X17.2 大耀斑，紧接着发生了强的高能质子事件，使得摄像机拍摄的图形变花。

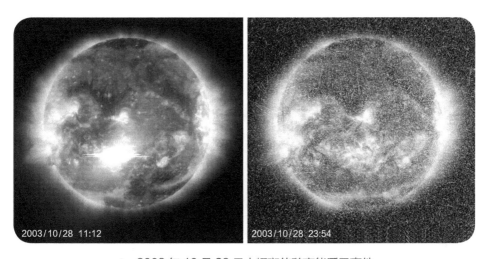

▲ 2003 年 10 月 28 日大耀斑伴随高能质子事件

22. 有记录的最大耀斑

2003 年 11 月 4 日，发生了有记录以来最大的耀斑，使得 X 射线探测器饱和。起初确定其为 X28 耀斑，根据 NOAA 的空间天气数据分析，这个耀斑的范围应当达到 X40 甚至 X50。

▲ 2003 年 11 月 4 日超级大耀斑

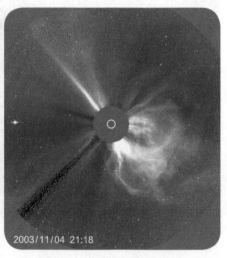

▲ 伴随大耀斑的 CME

23. 星尘号探测器出现故障

星尘号探测器是到维尔特二号彗核附近取样的探测器，在十月风暴期间，因读数误差而进入安全模式。

24. "智慧 1 号"关机

欧洲空间局（ESA）发射的月球探测卫星"智慧 1 号"因在月球轨道上遇到高的辐射而关闭发动机。发动机共关闭了三次，后来决定在轨道低于 1 万千米时不点燃发动机。

25. 火星车出事了

美国火星车"机遇号"和"勇气号"的恒星跟踪器接收到过量信号，进入"太阳闲置"模式，直到风暴过后才复原。

26. 恒星跟踪器出现故障

微波各向异性探测器（MAP）是探测微波背景辐射的，在太阳风暴期间，其恒星跟踪器复位，备份跟踪器自动启动。

27. 火星快车的跟踪器短时失效

ESA 发射的"火星快车"飞船不得不用陀螺仪稳定，因为太阳耀斑使得它不能用恒星作为参考点导航。辐射暴使恒星跟踪器失效 15 个小时。耀斑也延迟了原计划的对"猎兔犬 2 号"着陆器进行程序检验。

28. 高级地球观测卫星失联

在 2003 年 10 月 24 日的强 CME 后，日本宇宙航空研究开发机构（JAXA）与高级地球观测卫星（ADEOS-2）失去了联系。ADEOS-2 是 2002 年 12 月发射的一颗卫星，用于收集全球变暖和气候变化现象的数据，价值 6.4 亿美元，设计寿命 3 年，搭载有 NASA 的"海风"（Sea Winds）探测仪器，该仪器价值 1.38 亿美元。

29. 质谱仪受损

高级成分探测器（ACE）在十月风暴期间低能磁质谱仪受损，在几个能谱通道噪声异常增加，且后来也没有回复。

30. 卫星进入安全模式

2003 年，数据中继与试验卫星在强辐射暴期间，于 10 月 29 日晨进入安全模式。该卫星是日本的地球同步轨道通信卫星，用于中继低地球轨道卫星（包括国际空间站）和地面站的数据。

31. 日本卫星受损

TOKYO 是日本的试验通信卫星，在 2003 年 10 月 28 日大耀斑后受损。

32. 星载接收机离线

宇宙热星际等离子体谱仪（CHIPS）卫星的计算机在 2003 年 10 月 29 日

离线，地面与卫星的联系中断 18 小时。

33. 国防气象卫星丢失数据

NOAA 国防气象卫星 DMSPF16，在 2003 年 10 月 28 日和 11 月 3 日，传感器两次丢失数据，微波探测器的振荡器失效，转换为备份系统。

34. 磁力矩工作不稳定

GOES-9、10 和 12 是美国 NOAA 的地球同步轨道环境卫星，在十月风暴期间，用于姿态控制的磁力矩工作不稳定。.

35. 卫星的动量轮运行异常

国际移动卫星组织（Inmarsat）是由 9 颗卫星组成的地球同步轨道卫星群：2 颗卫星的动量轮速度增加，要求发动机点火；一颗卫星的动量轮停止运行。

36. 电视卫星不能自控

电视卫星在穿越磁层顶时，高度控制系统出现问题，不得不采取手动控制方式。

37. 国防卫星失联

美国的国防卫星在感兴趣的高度失去联系达 29 小时。

38. 对地观测卫星进入安全模式

Aqua、Landsat、Terra、TOMS、TRMM 都是 NASA 的地球观测系统卫星，在 2003 年 10 月 29 日它们都关闭了仪器或进入安全模式。

39. 空间红外望远镜关闭仪器

斯皮策空间望远镜的轨道是在地球后面漂移的轨道。在 2003 年 10 月 28 日，因质子通量高而关闭了科学仪器，4 天没有进行科学观测。

40. 观测太阳的飞船不敢睁眼

位于第一拉格朗日点、专门用于观测太阳的 SOHO 飞船，在 2003 年 10

月 28 日至 30 日期间，日冕诊断谱仪（CDS）进入安全模式。

41. 卫星延迟开通仪器

美国的高层大气观测与研究卫星（UARS），因太阳活动而延迟开通仪器。

42. 十月风暴小统计

● 在十月风暴期间（2003 年 10 月下旬到 11 月 4 日），总共观测到 17 次大耀斑（R2 ～ R5）。这些耀斑和伴随的某些太阳活动是有记录以来最大的。例如，11 月 4 日的耀斑使 GOES 卫星上的 X 射线探测器饱和达 12 分钟，估计为 X28（R5）。这个事件也许是 GOES 卫星 X 射线探测器于 1975 年开始测量以来最大的耀斑。

● 太阳活动产生了有记录以来最强的地球物理事件，包括第 23 活动周第二大磁暴（S4）。这次磁暴是自 1976 年以来第 4 大磁暴。

● 产生了 2 次磁暴的 CME 在日地间传输大约 19 小时，平均时速接近 500 万英里。这可能是自 1972 年发现 CME 以来最快的传输速度。该 CME 产生的磁暴排在自 1972 年以来 30 个大磁暴的第 6 位和第 15 位。

● 第一次出现这样的太阳活动周，3 个大的黑子活动区在同一时间出现在太阳朝向地球一面。最大的活动区 486 等效于 13 个地球大小，是这个太阳活动周最大的黑子群，也是自 1990 年 11 月以来最大的黑子群。

● 这次活动发生在本次太阳活动峰月（2000 年 4 月）以后的 3.5 年。

● 几颗卫星和深空探测器的仪器根据预报而进入安全模式。

● 在 10 月 28 日至 30 日的辐射暴期间，国际空间站上的航天员进入增加了屏蔽的服务舱。至少 13 个核电站采取了预防措施，以减轻磁暴期间地磁感应电流的影响。

● 美国联邦航空局（FAA）第一次发布公告，建议飞行员在南北纬 35° 以上飞行时的飞行高度降低，以降低 10 月 28 日开始的严重辐射暴的影响。

● 在 10 月底，美国大气与海洋管理局的空间环境中心（SEC）网站的点击率从平均每天 50 万增加到每天 300 万。在 10 月 29 日，点击率增加到 1900 万。

43. 中国的探测双星出现故障

我国在 2004 年 7 月底发射了"探测双星"2 号，一周后，由于电子增强事件造成姿态控制计算机系统失效。

44. 太空相撞

2005 年 1 月 17 日，在太空中飞行了 31 年的美国"雷神"火箭废弃物与中国 6 年前发射的"长征四号"火箭残骸，以每秒 5.73 千米的相对速度碰撞，"长征四号"火箭残骸的近地点轨道下降了 14 千米，美国的火箭废弃物一分为四。可以确信，未来类似的撞击会越来越多。

2006/12/05 10:39:55 UTC

▲ 太阳东临边的大喷发

45. 令人惊讶的耀斑

2006 年 12 月 5 日，在太阳的东临边发生了一次 X9 级的大耀斑。这个耀斑所发出的闪光使美国 GOES-13 卫星上的太阳 X 射线成像仪（SXI）致盲，损坏了几排成像元。SXI 用于监测太阳耀斑，因此设计时一定要考虑到在极端情况下的自我保护。

46. 清明节事件

2010 年 4 月 5 日发生了自 2008 年 10 月以来最强烈的地磁暴（"清明节事件"），此次事件期间没有观测到太阳质子事件；之前发生的太阳耀斑持续时间 1 小时 54 分；伴随一次 CME 事件，太阳风速度达到 750 千米/秒。此次事件导致美国 Galaxy-15 卫星在轨出现异常并失控，卫星不能接收上行测控信号，该卫星已被宣布为"僵尸卫星"。

47. 巨大的太阳喷发

该事件发生在 2010 年 12 月 6 日，巨大的磁化等离子体从太阳喷出，丝状结构从太阳表面延伸到大约 70 万千米。

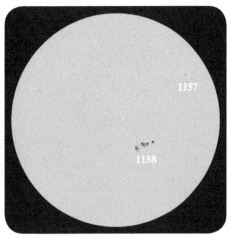

▲ 2010 年 12 月 6 日太阳的巨大喷发，丝状物拉长约 70 万千米。

▲ 黑子 1158

48. 耀斑伴随辐射暴

2011 年 2 月 15 日，在太阳的活动区 1158 发生一个 X2.2 级的大耀斑，同时也发生了日冕物质抛射。

49. X6.9 级大耀斑

2011 年 8 月 9 日，在活动区 1263 发生一个 X6.9 级大耀斑。美国的卫星 DMSP-15 在大耀斑后发生计算机翻转；卫星 Echostar129 失去定位能力达 24 小时。

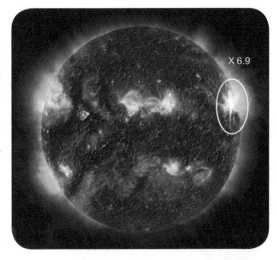

50. 强的太阳辐射暴

2012 年 1 月 23 日，在黑子区 1402 发生了一次 M9 级耀斑，

▲ 在活动区 1263 发生的 X6.9 级大耀斑

太阳质子被加速，地球轨道卫星的计算机受到干扰，SOHO 飞船的日冕仪出现"雪花"。

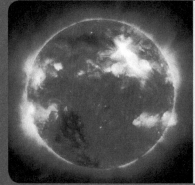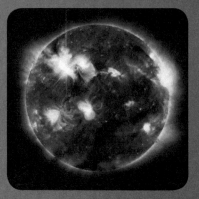

▲ 2012 年 1 月 23 日黑子区 1402 耀斑与极光　　▲ 在黑子 1432 处
　　　　　　　　　　　　　　　　　　　　　　　　 发生的 X5.4 级耀斑

51. 耀斑、CME、磁暴与辐射暴

　　从 2012 年 3 月 6 日至 10 日，太阳发生了一系列爆发性活动，包括在黑子 1432 处发生的 X5.4 级耀斑、日冕物质抛射、S3 级辐射暴和 R3 级 X 射线暴，这些活动导致了 G3 级磁暴。太阳的这些爆发性活动，发生在大黑子 1429 区域。

　　2012 年 3 月 7 日，美国新型通信卫星 Sky Terra-1 因严重的单粒子翻转事件而中断服务 3 周。

1429

▲ 黑子群 1429

52. 无线电波中断暴

2012 年 7 月 7 日到 12 日，太阳在 1520 黑子区产生了 R3 级无线电波中断暴和 X1.4 级耀斑，也发生了小的日冕物质抛射和辐射暴。

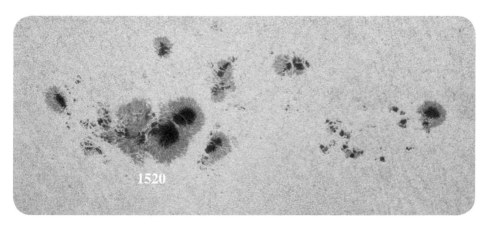

▲ 黑子 1520

53. 48 小时内 4 个大耀斑

2013 年 5 月 13—15 日，在太阳的一个活动区内发生了 4 个 X 级耀斑，还有几个小的耀斑。右下图是在太阳动力观测台拍摄的极紫外图像，它们是在 5 月 13 日 02：21 UT 观测的 X1.7 耀斑、16：07 UT 观测到的 X2.8 耀斑，在 5 月 14 日 01：46 UT 观测到的 X3.2 耀斑和 5 月 15 日 01：44 UT 观测到的 X1 耀斑。

▲ 2012 年 7 月 7 日到 12 日 X1.4 级耀斑

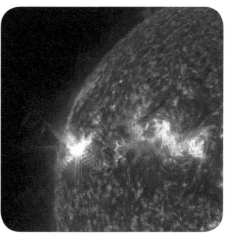

▲ 两天内观测到的 4 个耀斑

54. 频繁发生的太阳耀斑

2013 年 10 月 25 日到 28 日，发生了 3 次 X 级耀斑，说明太阳活动水平是高的，从太阳黑子图上也可以看到这一点。

55. X3 级耀斑

从 2013 年 10 月 28 日到 11 月 10 日，太阳一直处于比较剧烈的活动状态，表面有多个大黑子，多次发生 R3 级暴，在 11 月 5 日还发生了 X3 级耀斑。

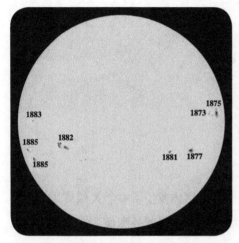

▲ 2013 年 10 月 25 日到
28 日太阳黑子图

▲ 2013 年 10 月 28 日至
11 月 10 日 X3 级耀斑

56. G3 强磁暴

2014 年 1 月 7 日至 9 日，在黑子 1944 区发生了一系列爆发性活动，包括 R3 级无线电中断暴、S3 级辐射暴、X1 级耀斑以及 CME，在地球空间产生 G3 级磁暴。黑子 1944 区跨度达 20 万千米，而且有复杂的磁场结构。

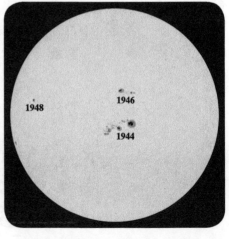

▲ 黑子 1944 在日面的位置

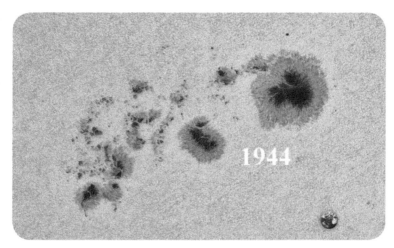

▲ 黑子 1944 的大小（与地球比较）

▲ 2014 年 1 月 7 日至 9 日黑子 1944 产生的 X1.2 级耀斑

57. X4 耀斑

2014 年 2 月 25 日，在太阳边缘的活动区发生了 X4 耀斑和日冕物质抛射，喷发物质的形状像一只大虾。

58. 极亮的耀斑

2014 年 3 月 12 日，在太阳的右临边发生了一个 M9.3 耀斑，接近于 X 级

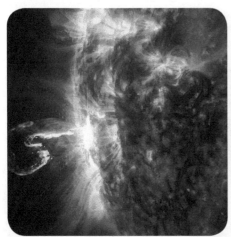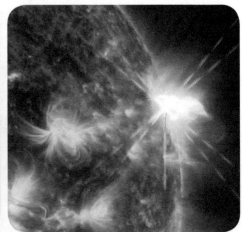

▲ 2014年2月25日X4大耀斑　　　▲ 2014年3月12日极亮的耀斑

耀斑。虽然这个耀斑的级别不高，但很亮。这个耀斑的亮度引起 CCD 探测器饱和。

59. 活动区相互作用

2014年2月2日至4日，观测到太阳表面两个活动区之间通过磁力线连接在一起。下图中许多亮的闪光是耀斑喷发。

▲ 活动区相互作用

60. 多波段观测的耀斑

2014 年 2 月 25 日，太阳发生 X4.9 级耀斑，太阳动力观测台在多波段拍摄了这次事件的图像。下图中 Å 为长度单位，音译为埃，1 埃 =10^{-10} 米。

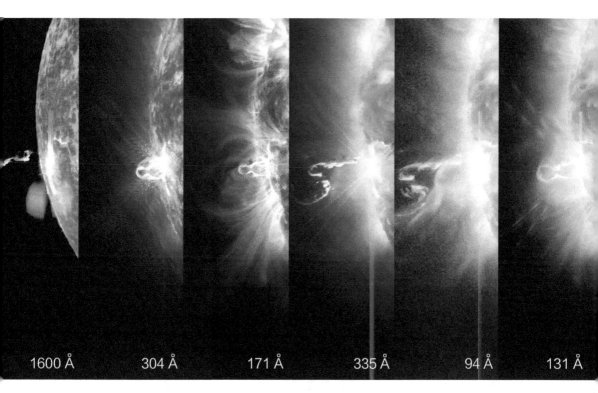

1600 Å　　304 Å　　171 Å　　335 Å　　94 Å　　131 Å

▲　多波段拍摄的耀斑图像

第 5 章

现代战争中的空间天气问题

现代战争越来越多地使用电子设备，这些电子元器件时刻受到空间等离子体、电磁场的影响。一个小小的粒子也许会使电子信号发生致命翻转；一个不起眼的电子元件，有可能产生电磁干扰，影响整个航天器的发射。本章，我们将分析空间天气是如何"四两拨千斤"，影响战争局势的。

空间光学背景与航天器本身的发光现象

空间光学背景是现代战争中一个值得注意的问题，它涉及军事侦察、战略导弹预警和对空间目标的监视与识别等许多方面。因此，我们必须对空间光学背景有一定的了解。

空间光学背景是复杂多变的，这里有大自然的因素，也有人为的因素。比较突出的自然光学现象有气辉、极光、红闪与蓝急流。

自然光学现象

▲ 国际空间站上观测到的气辉

1. 气辉

气辉是高层大气吸收了太阳电磁辐射能量后产生的一种微弱光辐射。出现在地球上空 50～500 千米之间，其亮度比极光低得多，分布也均匀，因而不易被人们所察觉。

2. 极光

极光是地球磁层中或直接来自太阳的高能粒子注入高层大气时撞击那里的原子和分子而激发的绚丽多彩的发光现象。极光通常出现在高磁纬地区，在背阳侧主要在 100～150 千米的高空，在向阳侧主要在 200～450 千米范围内。在前文我们已经介绍了极光，我们这里介绍紫外极光和质子极光。

▲ 奋进号航天飞机观测到的气辉

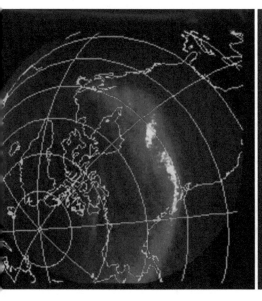
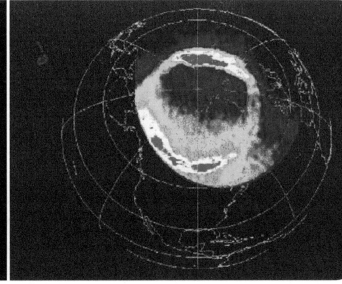

▲ 紫外极光

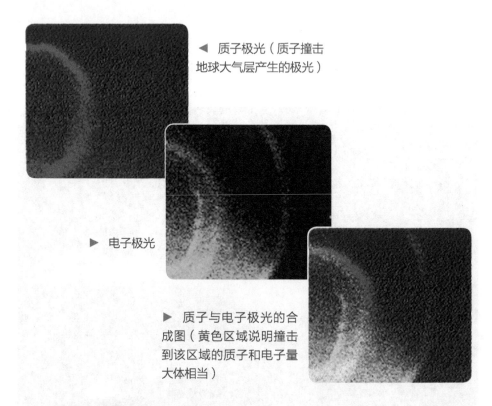

◀ 质子极光（质子撞击
地球大气层产生的极光）

▶ 电子极光

▶ 质子与电子极光的合
成图（黄色区域说明撞击
到该区域的质子和电子量
大体相当）

3. 红闪和蓝急流

红闪和蓝急流是伴随雷暴的高层大气光学现象，它是用灵敏的照相机在强雷暴顶（大约 15 千米）到低电离层（大约 95 千米）的高度范围观测到的。第一个红闪的图像是在 1989 年偶然得到的，从那以后，到 1990 年初，从航天飞机上大约获得了 20 个红闪图像。现在，在夏季的雷暴区已获得大量的红闪图像，包括来自地面和飞机的拍摄。

从飞机上也拍摄到许多蓝急流的图像，这也是以前没有记录的雷暴上空的光学活动形式。蓝急流似乎是直接从云顶形成的，通过平流层以一个窄锥向上射出，向上的速度大约是 100 千米／秒。

红闪是大规模、弱亮度的闪，直接出现在雷暴系统中，与云－地及云内闪电同时发生。它们的空间结构有多个垂直拉长的点、上下延伸很大的点到从云顶向 95 千米高度扩展的亮群。红闪基本上是红色的。最亮的区域位于 65 ～ 75 千米高度，在这个高度以上，常常有暗红色的气辉或扩展到 90 千米以上的模糊结构。在亮区以下，丝状结构常常向下扩展到 40 千米高度。红闪很少单个出现，通常以两个、三个或更多的簇发生。某些很大的事件似乎是组合了许多个别的红闪。其他事件是更松散的组合，可能水平扩展到 50 千米或更大的距离，占有大气层的体积超过 1 万立方千米。中高层大气出现的几种光学现象中，ELVES 的意思是"来自电磁脉冲源的光发射和甚低频扰动"。

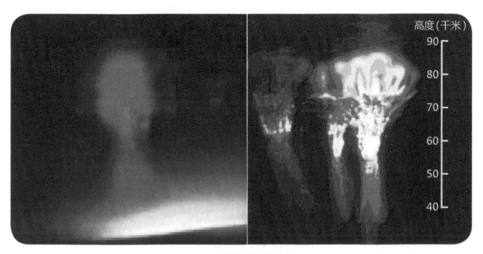

▲　红闪出现的高度

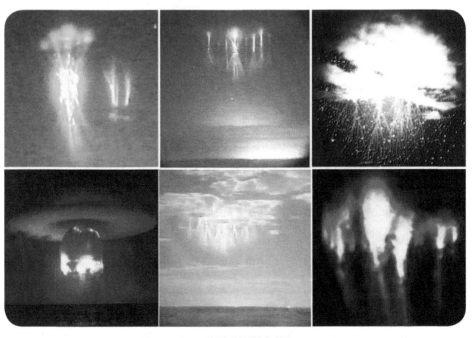

▲　几种典型的红闪

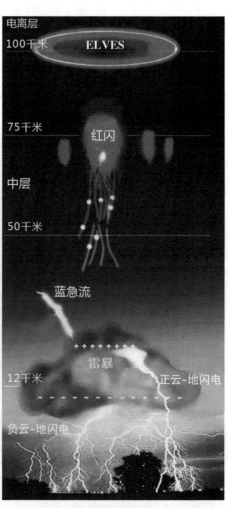

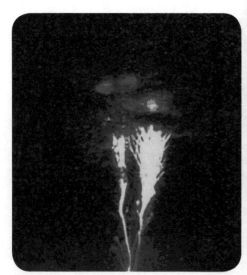

▲ 蓝急流

▲ 中高层大气的发光现象

运载火箭与航天器的发光现象

发射大型运载火箭时，在大气层中会产生人工光学现象，通常称为发光云。对发光云进行光谱观测，可用于研究运载火箭与空间环境间的相互作用以及鉴别运载火箭的类型。为此，俄罗斯、瑞士和芬兰的科学家，在俄罗斯和斯堪的纳维亚的西北部对这种人工光学现象进行了长达10年的观测。他们发现，发光云的高度在230～1080千米变化，但仅在特殊的光照条件下才能观测到，即发光云位于晨昏线上面，而观测点在地球阴影深处时才会被观测到。发光云呈现快速水平膨胀的形式，主导的传播方向是沿着火箭的运行轨道。所有发光云的形态类似，云越高，云的体积越大。

　　航天器辉光是航天器与高层大气相互作用的结果。虽然在 AE、DE 卫星的观测中都显示了辉光现象，但没有引起注意，直到航天飞机 STS-3 观测到辉光现象后，人类才开始观测和研究。观测数据表明，航天器辉光含有紫外、可见光和红外谱，但紫外和极紫外谱段的辉光是很弱的。

空间电磁干扰及其对军事的影响

电磁相容性与电磁干扰

电磁相容性（EMC）是设备和系统在预期的环境中的一种能力，这些设备和系统对其他系统没有不利的影响，或者没有受到其他设备、系统或电磁环境的有害影响，各设备和系统可同时工作。当系统或设备干扰了其他系统或设备时，即发生了电磁不相容。电磁干扰（EMI）是由"肇事者"产生的并由敏感的接收器或"受害者"检测的。"肇事者"的发射干扰了"受害者"的正常操作，在严重的情况下，可对"受害者"产生危害。电磁干扰是由不希望的电磁场引起的。飞船上的电子系统在设计时如果不能减小由空间电磁环境或由其他同时操作的电子部件引起的电磁干扰，就不能正常工作甚至失效。

电磁干扰的另一种源是闪电。闪电有两种效应，一种是直接地使之燃烧、侵蚀、爆炸或结构畸变。这种效应易发生在与闪电最接近的地方，因为那里电流密度最高。当闪电电流进入导电结构时，它快速扩散，因而电流密度很快减少到无害的水平。如果电流扩散被阻止，或在路径上有电容器，危害可能扩展。另一种效应是间接的，包括触发一个电路的开关、计算机翻转以及电子设备输入输出电路的物理损害。

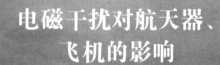

电磁干扰对航天器、飞机的影响

1. 组合信号对"土星"运载火箭发射的干扰

"土星"运载火箭在发射台上进行某次测试时，范围安全接收机检测到一个外部信号。这些接收机开始处理发动机关断、准备起飞和一旦发生事故进行自毁的指令。后经仔细研究确定了产生这个外部信号的原因。非常接近范围安全接收机频率的虚假信号是由几个遥测发射机的频率组合，再与一个火箭追踪应答器信号组合产生的。

◀ "土星"运载火箭

125

2. 探照灯对"土星"运载火箭发射产生的干涉

在"土星"运载火箭的一次发射中，范围安全接收机检测到一个来自发射场附近的干扰信号，但这个信号并不一直存在。工作人员一直没有查清原因。清晨，当一个工作人员走出房间，发现照射火箭的探照灯已经关掉。他建议再打开探照灯，结果，那个干扰信号又出现了。进一步研究显示，探照灯是碳弧灯，它产生宽带无线电信号，灯的反射器将灯光聚集成束直接照到火箭的范围安全接收机天线。这个干扰信号就是来自这个宽带无线电信号。

3. 伪指令导致美国航空母舰上发生大爆炸

1967 年，美国海军一艘喷气式战斗机在佛瑞斯特级航空母舰上着陆时，

▲ 佛瑞斯特级航空母舰

接收到一个投放弹药的伪指令，撞击到甲板上全副武装和充满燃料的战斗机，引起大爆炸，死亡 134 人，航空母舰和炸弹也遭到严重损坏。这个事故是由于着陆飞机受到舰载雷达波束的照射，引起电磁干扰，发送了一个不希望的信号到战斗系统。

4. 遥控驾驶仪引起的灾难

1987 年 1 月，美国在衣阿华战舰的测试飞行中试验遥控驾驶仪（RPV）。使用便携式遥控箱的导驶员，在他的遥控箱和由学生导驶员使用的另一个遥控箱间进行了一系列非指令控制传递。这些非指令信号引起飞机飞行失控并在着陆时坠毁。研究发现，遥控箱受到来自衣阿华战舰高频通信发射天线的电磁干扰。

▲ 衣阿华战舰

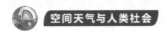

5.F-16 战斗机在无线电发射机附近坠毁

一架 F-16 喷气战斗机在美国之音（VOA）无线电发射机附近坠毁，原因是飞机的可遥控自动驾驶系统对高频无线电发射灵敏。

▲ F-16 喷气战斗机

6.F-111 坠毁

1986 年，在美国空军袭击利比亚时，不但导弹没有击中设计的目标，而且参加袭击的 F-111 战斗机也发生坠毁。美国空军认为，这次事故是由美国飞机发射信号的相互干扰引起的。

▲ F-111 战斗机

电离层人工变态

电离层的状态对全球通信及军事具有重要的影响，我们可以通过人工方法，改变电离层参数，从而达到局部影响空间技术系统性能的目的。常用的方法如下。

● 化学释放法。火箭发射所排出的废气会造成电离层空洞，释放高能反应化学物质，产生人造电离层，这些都属于化学释放法。美国天空实验室发射时，研究人员发现与火箭排气有关的电离层电子密度耗空，出现空洞现象，后来发现航天飞机发动机排出的废气也产生电离层空洞，我国的DF-5火箭发射也发现有类似的现象。

● 用高能电子或离子束局部改变电离层特性。

● 利用地面上人工产生的甚低频波（VLF）辐射去激励磁层等离子体的不稳定性，形成磁流体辐射，引起粒子沉降。

● 人工核爆炸的效应。最典型的例子是美国一个代号"星鱼"的、在电离层上方的高空进行的核爆炸实验，它不仅使空间辐射强度明显增加，造成地球辐射带的大尺度变化，而且这类增加持续了数年才衰减。低空核爆炸也会明显地影响到电离层，使其产生变化剧烈的不均匀性以及严重的附加电离吸收。

● 利用地面大功率无线电波照射电离层，习惯上称为加热实验，实际上并不只是改变电子温度。通常，利用高频无线电波改变电离层特性，产生多种多样的非线性效应。

第6章

减轻和避免空间天气灾害

随着对空间天气认识的不断加深，人类已经开展了对空间天气的研究，建立起比较完善的模型，逐步掌握了空间天气变化的规律，能够比较科学地预测空间天气，从而可以降低或避免空间天气对人类社会的不利影响。

本页图为 NASA 于 2015 年发射的"磁层多尺度"卫星，目的是探索地球磁层中磁场重联的过程。

空间天气探测

地基探测

所谓地基探测，就是利用各种地基设备，对空间天气进行探测。地基探测具有许多优势，如设备的体积和重量不受限制，这样就可以在不显著增加成本的前提下，提高仪器的可靠性和探测精度；能长期、连续地运行，可以获得对某些参数长期和连续的观测记录，有利于研究一些空间天气参数的变化规律；探测设备可以沿着经度和纬度排列，有利于研究空间天气参数随时间和空间的变化。

▲ 地面观测与研究电离层的设施

地基探测的主要内容包括地磁场观测、电离层观测、中高层大气观测和太阳观测。

地磁场观测已经有悠久的历史，积累了大量的资料，主要设备是各种磁强计。

电离层观测设备主要有雷达、电离层测高仪、GPS 总电子含量观测设备和宇宙噪声接收机等。

中高层大气观测设备有各种非相干散射雷达、激光雷达、中高频雷达以及光学干涉仪等。

太阳观测的主要设备有光学望远镜、射电望远镜和太阳磁象仪等。

▲ 用于观测电离层的地面雷达

在我国，已经初步建成的"子午工程"，将极大地提高我国地基空间天气观测的水平。

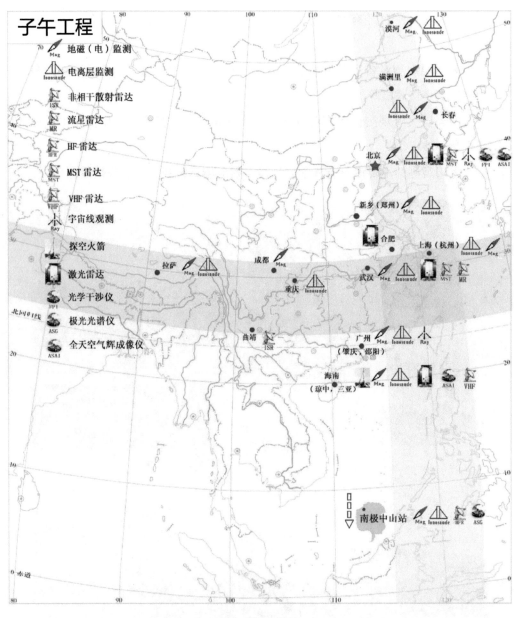

▲ 子午工程

东半球空间环境地基综合监测子午链，简称"子午工程"。"子午工程"是由中国科学院牵头，教育部、信息产业部、中国地震局、国家海洋局、中国气象局、总参气象水文局共 7 个部委的相关单位参加，沿东半球东经120°子午线附近，利用北起漠河，经北京、武汉，南至海南并延伸到南极中山站，以及东起上海，经武汉、成都，西至拉萨的沿北纬30°附近共 15个综合性观测台站，建成一个以链为主、链网结合的，运用无线电、地磁、光学和探空火箭等多种探测手段，连续监测地球表面20～30 千米以上到几百千米的中高层大气、电离层和磁层，以及十几个地球半径以外的行星际空间环境中的地磁场、电场，中高层大气的风场、密度、温度和成分，电离层、磁层和行星际空间中的有关参数，联合运作的大型空间环境地基监测系统。

"三带六区计划"以中国气象局为核心单位，以国内现有的观测台站和"子午工程"为基础，建立" # "型的地基空间天气监测网络，对电离层探测薄弱的地区和关键地点进行重点监测，并结合气象观测，形成大气–空间无缝隙探测体系，为我国空间天气业务提供数据支撑。

在该计划中，地基监测系统建设主要内容：建立一套太阳光学、射电和磁场的多手段观测系统，建立 5 个中高层大气综合探测站，建立 6 个电离层垂直探测系统，建立 1 套以珠江三角洲为核心的电离层闪烁监测网，建立一套移动式电离层应急探测系统。

卫星探测

与地基探测相比，卫星探测的优势是不受大气层的影响，可以获得一些空间天气参数的三维分布，不受地面气象条件的影响。

目前，国内外发射了许多空间天气探测卫星，今后，还将陆续发射新的卫星。下页图是国际上正在运行和将要发射的空间天气探测卫星分布。浅蓝色字标出的是在轨运行并扩展了任务的卫星，浅绿色是基本任务的卫星，深黄色标出的是在研卫星，浅黄色标出的是计划中的卫星。

在地球空间，NASA 于 2015 年 3 月 12 日发射的"磁层多尺度"（MMS）

卫星是由 4 颗相同卫星组成的星座，目的是探索地球磁层中磁场重联的过程。4 颗卫星飞行的构型是可调节距离的四面体形，能使卫星探测磁重联的三维结构。

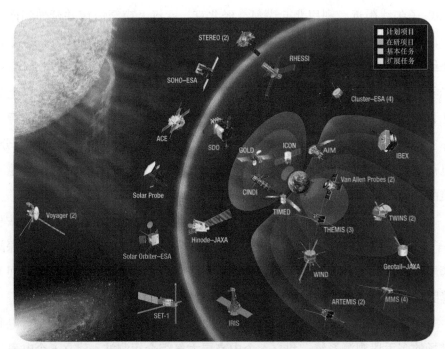

▲ 国际上正在运行和将要发射的空间天气探测卫星

▲ MMS 卫星的飞行构型

ESA 计划发射的太阳轨道卫星

美国计划发射的太阳探测器

空间天气预报

准确的空间天气预报是避免或减轻空间天气灾害的前提。为了提高空间天气预报的准确性，需要加强对空间天气的观测、研究和建模。观测是基础，对观测数据进行深入的分析，可以从中发现空间天气变化的某些规律，在此基础上建立各种模型；当建模发展到一定水平时，就可以用于预报。目前的空间天气预报有以下类型：

警报——空间环境即将发生强烈扰动，可能对卫星、近地空间或地面的设备和人类产生危害，应引起有关方面的密切注意。根据对原因事件的观测（如太阳耀斑）、实际事件的观测（如磁暴起始）或趋势推断（如质子通量增加），警报一般提前 0～24 小时发出。类似于气象中的台风、暴雨等来临时发出的警报。

现报——准实时发布的空间天气状态，有时也包括事件正在进行时的警报。

已往事件分析——用于辨别空间天气因素，分析受空间天气影响的系统操作异常。当异常发生时，观测是分析空间环境状态的关键因素。立即进行的以往事件分析，可以辨别卫星通信故障是工程原因还是空间天气原因。

空间天气建模

所谓建模，就是利用相对少量的观测作为输入，根据一定的理论模型，获得感兴趣区域的中性粒子、带电粒子和电磁场的整体图像以及预测对技术系统可能产生的效应。

空间天气所涉及的空间区域是无比巨大的，无论是实地探测，还是遥感方法，都不可能覆盖所有的空间天气范围。对于已经探测的区域，往往也只有某一特定时间间隔内的数据。而空间天气的状态是随时间、太阳活动和地磁活动而剧烈变化的。因此，没有高质量的空间天气模式，就不能从整体上掌握空间天气变化的规律，更谈不上预报。

空间天气的模式很多，概括起来，有以下主要类型：

经验模式——以统计数据为基础的空间分布。这类模式数量大，涉及的问题可大可小，应用比较广泛。但对同类问题，由于获得数据的方法不同、数据量不同以及所采用公式不同，因此，不同的模式往往会给出不同的结果。

物理模式——以理论分析为基础的空间分布。这类模式以物理规律为依据，以一定的观测数据为基础，一般都能够描述或解释一定的物理现象。但是，由于获得观测数据手段的不同和数据量的限制，对同一问题往往有不同的模式，典型的例子是亚暴膨胀相触发模式。

静态模式——给出空间分布的平均状态。这些模式虽然不能反映空间天气的实际情况，不能用于预报，但可以方便地了解空间天气的平均背景，如国际电离层参考模式。

动态模式——空间天气状态是不断变化的，所谓动态模式，就是能及时地反映变化的状态。由于许多区域的空间天气受太阳活动的直接影响，因此，目前比较成熟的动态模式，一般都以实时或接近实时的太阳风观测数据作为输入条件，当这些条件变化时，空间天气状态随之而变。

研究级模式——具有预报功能，但尚不能在预报中实际应用的模式。

业务级模式——能在实际预报中使用的模式。

效应模式——描述空间天气与航天器以及其他技术系统相互作用产生的效应。这些效应与空间天气条件和航天器特性（如轨道、材料、屏蔽方法和厚度）有关。

空间天气预报

提起空间天气预报，人们自然联想到日常生活中的气象预报。每当中央电视台的《新闻联播》过后，都要播送当天晚上及第二天的温度、风力、降雨（雪）和阴晴等信息，这些信息是日常气象预报的主要内容，不论是对生

产、生活，还是军事活动，都是必要的。空间天气预报比起气象预报来要复杂得多，因为日常的天气预报仅涉及对流层范围内的中性大气的状态，而空间天气涉及的空间区域从地球表面几十千米一直到太阳表面这一广阔的区域，研究的对象不仅包括中性大气，还包括等离子体、电磁辐射和粒子辐射，不仅涉及空间天气本身的变化，还要关心空间天气的各种效应。从目前国内外对空间天气研究的情况看，空间天气预报的主要内容包括以下内容：

1. 太阳活动预报

太阳活动预报是对未来某一时段内太阳活动水平和太阳活动事件及其变化的预测和报告。太阳活动水平预报，是对太阳活动指标（如太阳黑子数及其变化）的预报，而太阳活动事件预报，则是对未来太阳活动事件，如太阳耀斑出现的时间、日面位置及强度作预报。太阳活动预报对空间天气预报有着导向性的作用，是空间天气预报的核心与龙头部分。

2. 磁暴预报

磁暴预报包括磁暴现报、磁暴警报和磁暴短期预报。磁暴现报是指当发生磁暴并被发现时，预报部门在很短的时间内迅速报道磁暴发生的情况（包括磁暴开始的时间、产生磁暴的原因、目前磁暴的强度和磁暴发展的趋势）。磁暴现报是有意义的，因为磁暴从开始到结束的时间通常在 1～3 天，有些磁暴的时间会超过 3 天，因此，当刚刚发现磁暴时就进行磁暴现报是有价值的。距离地球 150 万千米的卫星（以下简称 L1 点）观测到可引起地磁暴的太阳风结构时，该结构从 L1 点传到磁层还需几十分钟的时间，因此，利用 L1 点的太阳风观测可进行磁暴警报。当在太阳上观测到有朝向地球的日冕物质抛射发生时，该 CME 从太阳传到地球所需的时间为 1～4 天，因此，可以依据对太阳的观测进行提前 1～4 天的地磁活动预报。此外，利用对太阳冕洞的观测也可以进行地磁活动预报。当冕洞位于日面中心赤道附近时，其发出的高速太阳风直接流向地球，可造成地磁暴。从日面中心发出的高速太阳风传到地球需要 2～3 天。我们把依据对太阳的观测，进行提前 1～4 天的地磁预报称为磁暴短期预报。磁暴短期预报需要考虑的最主要的因素是 CME 的位置、速度和方向，冕洞发出的太阳风的速度，冕洞的大小以及冕洞高速流太阳风磁场的特征等。

3. 电离层扰动预报

预报内容包括突然电离层骚扰、极盖吸收、电离层暴、电离层闪烁、电离层干扰等。

4. 中高层大气环境预报

对流层顶以上的大气层总称为中高层大气，它包括平流层、中层和热层大气。该区域大气属性不但受对流层大气环流的影响，而且也随太阳活动表现出不同的特性，发生在其中的复杂物理过程和化学过程时至今日还不是很清楚，依然是空间物理学和大气物理学研究的热点和难点。随着现代科学技术的发展，对该区域的预报已经成为现实需求和重点发展方向。航天飞机、卫星、火箭等各种航天器在发射过程中都会经过中高层大气，甚至有些航天设备直接在其中飞行。这就使得各种航天器在发射、升空和运行的各个阶段都与中高层大气的物理特性有着密切的关系。空间事业的发展实践迫切需要提供中高层大气环境预报。

5. 高能电子暴预报

高能电子暴是指辐射带中能量高于数十万电子伏到数兆电子伏的电子量突然增加事件。高能电子暴可分为突发型和滞后型两类。突发型电子暴的特征为磁暴急始后辐射带高能电子通量突然增强 2 个数量级以上。大多数高能电子暴是滞后型的，在磁暴开始 1～3 天后在外辐射带范围内，相对论电子强度逐步增强 1～2 个数量级，维持数天乃至 1～2 个星期。相对论电子事件（高能电子暴）是非常重要的空间天气现象。它对航天器的危害主要是引起内部带电。

拿什么奉献给你，我的读者？

——陆彩云

　　从神舟五号、六号载人飞船到神舟十号载人飞船，从嫦娥一号人造卫星到嫦娥五号探测器，从天宫一号空间实验室到即将发射的天宫二号空间实验室，全民对太空领域的关注达到了前所未有的高度，广大青少年对太空知识的兴趣也被广泛调动起来。但是，适合青少年阅读的书籍却相当有限。针对于此，我们有了做一套介绍太空知识的丛书的想法。机缘巧合，北京大学的焦维新教授正打算编写一套相关丛书。我们带着相同的理想开始了合作——奉献一套适合青少年读者的太空科普丛书。

　　虽然适合青少年阅读的相关书籍有限，但也有珠玉在前，如何能取其精华，又不落窠臼，有独到之处？我们希望这套作品除了必需的科学精神，也带有尽可能多的人文精神——奉献一套既有科学精神又有人文精神的作品。

　　关于科学精神，我们认为科普书不只是普及科学知识，更重要的是要弘扬科学精神、传播科学品德。在图书内容上作者和编辑耗费了大量心血。焦教授雪鬓霜鬟，年逾古稀，一遍遍地翻阅书稿，对编辑提出的所有问题耐心解答。2015 年8 月，编辑和作者一同在国家知识产权局培训中心进行了为期一周的封闭审稿，集中审稿期间，他与年轻的编辑一道，从曙色熹微一直工作到深夜。这所有的互动，是焦教授先给编辑们上了一堂太空科普课，我们不仅学到知识，也深刻感受到老学者的风范：既严谨认真、一丝不苟，又风趣幽默，还有"白发渔樵，老月青山"的情怀。为了尽量提高内容的时效性，无论作者还是编辑，都更关注国内外相关研究的进展。新视野号探测器飞越了冥王星，好奇号火星车对火星进行了最新探测……这些都是审稿期间编辑经常讨论的话题。我们力求把最新、最前沿的内容放在书里，介绍给读者。

　　关于人文精神，我们主要考虑介绍我国的研究情况、语言文字的适合性和版式的设计。中国是世界上天文学起步最早、发展最快的国家之一，我们必须将我国的天文学发展成果作为内容：一方面，将一些历史上的研究成果融入书中；另一方面，对我国的最新研究成果，如北斗卫星、天宫实验室、嫦娥卫星等进行重点介绍。太空探索之路是不平坦的，科学家和航天员享受过成功的喜悦，也承受过失败的打击，他们的探索精神和战斗意志，为广大青少年树立了榜样。

这套丛书的主要读者对象定位为青少年，编辑针对他们的阅读习惯，对全书的语言文字，甚至内容，几番改动：用词更为简明规范；句式简单，便于阅读；内容既客观又开放，既不强加理念给他们，又希望能引发他们思考。

这套丛书的版式也是编辑的心血之作，什么样的图片更具有代表性，什么样的图片青少年更感兴趣，什么样的编排有更好的阅读体验……编辑可以说是绞尽脑汁，从书眉到样式，到文字底框的形状，无一不深思熟虑。

这套丛书从 2012 年开始策划，到如今付梓印刷，前后持续四年时间。2013 年 7 月，这套丛书有幸被列入了"十二五"国家重点图书出版规划项目；2013 年 11 月，为了抓住"嫦娥三号"发射的热点时机，我们将丛书中的《月球文化与月球探测》首先出版，并联合中国科技馆、北京天文馆举办了一系列科普讲座，在社会上产生了一定的影响，受到社会各界的好评，2014 年年底，《月球文化与月球探测》获得了科技部评选的"全国优秀科普作品"；2014 年 7 月，在决定将这套丛书其余未出版的九个分册申请国家出版基金的过程中，我们有幸请到北京大学的涂传诒院士和濮祖荫教授对稿子进行审阅，涂传诒院士和濮祖荫教授对书稿整体框架和内容提出了中肯的意见，同时对我们为科普图书创作所做的探索给予了充分肯定，再加上徐家春编辑在申报过程中认真细致的工作，最终使得本套书得到国家出版基金众专家、学者评委的肯定，获得了国家出版基金的资助。

感谢我们年轻的编辑：徐家春、张珑、许波，他们在这套书的编辑工作中各施所长，倾心付出；感谢前期参与策划的栾晓航和高志方编辑；感谢张凤梅老师在策划过程中出谋划策；感谢青年天文教师连线的史静思、王依兵、孙博勋、李鸿博、赵洋、郭震等在审稿过程中给予的热情帮助；感谢赵宇环、贾玉杰、杜冲、邓辉、毛增等美术师在版式设计中的全力付出……感谢所有参与过这套书出版的工作人员，他们或参与策划、审稿，或进行排版，或提供服务。

这套书的出版过程，使我们对于自身工作有了更进一步的理解。要想真正做出好书，编辑必须将喧嚣与浮华隔离而去，于繁华世界静下心来，全心全意投入书稿中，有时候甚至需要"独上西楼"的孤独和"为伊消得人憔悴"的孤勇。

所以，拿什么奉献给你，我的读者？我们希望是你眼中的好书。

附：《青少年太空探索科普丛书》编辑及分工

分册名称	加工内容	初审	复审	审读	编辑手记审校
遨游太阳系	统稿：张珑 文字校对：张珑、许波 版式设计：徐家春、张珑 3D 制作：李咀涛	张珑	许波	陆彩云 田姝	
地外生命的 365 个问题	统稿：徐家春 文字校对：张珑、许波 版式设计：徐家春 3D 制作：李咀涛	徐家春	张珑	陆彩云 田姝	
间谍卫星大揭秘	统稿：徐家春 文字校对：许波、张珑 版式设计：徐家春	徐家春	张珑	陆彩云 田姝	
人类为什么要建空间站	统稿：张珑、徐家春 文字校对：张珑 版式设计：徐家春、张珑	许波	徐家春	商英凡 彭喜英 陆彩云	
空间天气与人类社会	统稿：徐家春 文字校对：张珑、许波 版式设计：徐家春	徐家春	张珑	陆彩云 田姝	张珑 徐家春
揭开金星神秘的面纱	统稿：张珑 文字校对：陆彩云、张珑 版式设计：张珑 3D 制作：李咀涛	张珑	徐家春	吴晓涛 孙全民 陆彩云	
北斗卫星导航系统	统稿：徐家春 文字校对：许波、张珑 版式设计：徐家春	徐家春	张珑	陆彩云 田姝	
太空资源	统稿：徐家春、张珑 文字校对：许波、张珑 版式设计：徐家春、张珑	许波	徐家春	陆彩云 彭喜英	
巨行星探秘	统稿：张珑 文字校对：张珑、许波 版式设计：徐家春、张珑	张珑	许波	陆彩云 孙全民 吴晓涛	